中等职业教育幼儿保育专业（新标准）规划教材

幼儿卫生保健

朱焕芝◎主编

———— 编委会 ————

主　编　朱焕芝
副主编　王　燕
编　委　（按姓氏笔画排序）
　　　　王茂烨　冯明建　江　茜　杜　君
　　　　罗丽萍　罗　丹　胡斯维　顾世平

长江出版传媒　湖北科学技术出版社

图书在版编目（CIP）数据

幼儿卫生保健 / 朱焕芝主编 . —武汉：湖北科学技术
出版社 , 2023.8

ISBN 978-7-5706-2430-0

Ⅰ . ①幼… Ⅱ . ①朱… Ⅲ . ①幼儿－卫生保健
Ⅳ . ① R174

中国国家版本馆 CIP 数据核字（2023）第 072500 号

责任编辑：胡思思

责任校对：秦　艺　　　　　　　　　　　　　　　封面设计：曾雅明

出版发行：湖北科学技术出版社

地　　址：武汉市雄楚大街 268 号（湖北出版文化城 B 座 13—14 层）

电　　话：027-87679468　　　　　　　　　　　　邮　编：430070

印　　刷：湖北新华印务有限公司　　　　　　　　邮　编：430035

787×1092　　　1/16　　　　　　　　11 印张　　　298 千字

2023 年 8 月第 1 版　　　　　　　　　　2023 年 8 月第 1 次印刷

定　　价：37.00 元

前言

QIANYAN

　　百年人生立于幼学，幼儿卫生保健是中等职业教育幼儿保育专业的专业核心课程，承担着培养中职学生对幼儿进行科学保育的重任。编者结合新时代托幼机构的岗位职能、中职幼儿保育专业人才培养要求以及学生实际编写本书，以满足广大中职学校、技工学校、培训机构在幼儿保育专业教学方面的需求。

　　本书编写遵循了中共中央办公厅、国务院办公厅印发的《关于推动现代职业教育高质量发展的意见》中关于"改进教学内容与教材"的工作要求，围绕任务驱动教学法，把幼儿卫生保健相关的基础知识整合为八个项目：幼儿生理特征与卫生保健、幼儿生长发育规律与评价、幼儿营养膳食卫生保健、幼儿心理卫生及保健、幼儿身体疾病的护理及保健、幼儿常见意外伤害及保健、托幼机构保教活动卫生保健、托幼机构环境卫生保健，并将幼儿卫生保健相关的技能知识整合形成工作任务，通过任务引领的方式展开教学，展现职业教育特色，主要体现为：

　　一、渗透职业精神，突显立德树人。教材是教育思想、教育目标的主要载体，是集中体现国家意志和社会主义核心价值观的主阵地，是学校教育教学活动的基本依据，直接影响人才培养质量。本书在设计、编写过程中，积极引导学生热爱幼儿保育专业，深刻理解并自觉践行从事幼教行业保教工作的职业精神和职业规范，实现课程育人功能。

　　二、对接岗位需求，注重学以致用。本书的专业理论部分严格对接国家出台的"保育员职业标准""幼儿教师职业标准"中保育部分，原创相关模拟试题，帮助教师对岗教学，启发学生举一反三；本书的技能实操部分对接保育员的岗位能力、1+X 幼儿照护（初级）核心技能等内容，旨在帮助学生了解并掌握幼儿身心发展特点及评估方法，培养复合型幼教人才。

三、力求好学好用，打造立体资源。本书在内容上融入拓展训练，并建设了相关在线资源，主要有PPT演示、练习等，实现线上线下混合式教学，提高教学效率。

本书可作为广大中职学校、技工学校、培训机构的幼儿保育专业教材，也可作为社会从业人员考证及业务培训的参考用书。

本书在编写过程中参考、借鉴、引用了国内外许多专家、学者和一线教师的著述、作品和案例，在此深表感谢。由于编者能力有限，本书难免有诸多不足，为进一步提高本书质量，欢迎广大师生在使用过程中提出宝贵意见和建议。

编者

2023 年 8 月

目录
CONTENTS

目录
CONTENTS

项目一 幼儿生理特征与卫生保健

活动导读

　　婴儿从呱呱坠地到长大成人，身体发生了巨大的变化。你了解这个奇妙的过程吗？我们人体的基本结构是怎样的？我们的人体是怎样构成的？

　　学习本单元，首先要了解人体基本结构的相关知识，掌握细胞、器官、系统、组织、新陈代谢、生长发育等基本概念。然后，能正确说出幼儿运动系统、呼吸系统、消化系统、循环系统、内分泌系统、神经系统、泌尿系统、生殖系统和感觉器官的生理特征以及保育要点。最后，能够对幼儿的身高、体重、头围、胸围等进行测量，并且能在操作过程中动作轻柔，语气温和，体现对幼儿的关爱。

学习目标

1. 能说出幼儿八大系统和感觉器官的生理特征，掌握细胞、器官、系统、新陈代谢等相关概念。
2. 能根据所学知识正确判断幼儿身体状况，并且做好保育工作。
3. 在保育操作过程中，能做到动作轻柔，关心爱护幼儿，体现良好的职业道德。

任务 1 人体概述

------------------------------- ● 案例导入 ● -------------------------------

为了让幼儿园小班的幼儿认识自己的身体，李老师和小朋友们一起玩起了猜谜语的游戏。李老师说："上边毛，下边毛，中间一个黑葡萄，是我们身体的哪个部位？"

"眼睛。"小朋友们一起回答。

"左一片，右一片，说话都能听见，到老也不见面，是我们身体的哪个部位？"

"耳朵。"

"那我们身体还有什么呢？"李老师又问道。有个小朋友立刻说道："老师，我妈妈说肚子里还有胃、肠子。"小朋友们都笑了起来。李老师见状，也笑着说："是的，今天老师就要带小朋友们一起认识一下我们的身体。"

一、人体的基本形态

从外形上看，人体分为四部分，分别是头、颈、躯干和四肢。

（1）头是由面部和脑颅两部分组成的，眼、耳、口、鼻等器官分布在面部，大脑和小脑等在颅腔内有序排列。

（2）颈连接头和躯干，是头部的基座，起着转动、支撑的作用。同时，颈部封闭式的椎管也保护着血管和颈部脊髓神经。

（3）躯干以膈肌为界分为胸腔和腹腔两部分。躯干前面分为胸部和腹部，后面分为背部、臀部。躯干内分布着人体各种脏器，如图 1-1-1 所示。

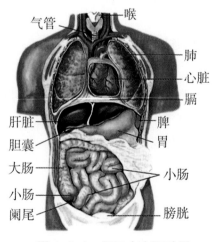

图 1-1-1 躯干内主要脏器

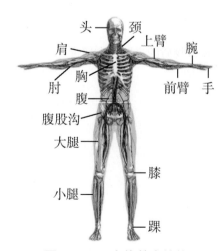

图 1-1-2 人体基本结构

（4）四肢分为上肢和下肢，上肢由肩、上臂、肘、前臂、腕和手组成，下肢分为大腿、小腿和足三部分。下肢通过腹股沟和躯干相连。大腿和小腿通过膝关节相连，小腿和足通过踝关节相连，如图1-1-2所示。四肢对人体起着支撑、运动、保护等功能。

二、人体的基本结构

人体是个复杂而又协调统一的整体，主要构成单位从小到大具体如下。

（一）细胞

细胞是构成人体结构、完成生理功能的基本单位。德国病理学家微耳和说过："人体是细胞的王国。"的确，人体由40万亿至60万亿个细胞组成。这些细胞有圆形、球形、多角形等，如图1-1-3所示。虽然细胞形态各异、大小不一，但其结构基本相同。动物细胞主要由细胞膜、细胞质和细胞核三部分组成。细胞膜是保护细胞的屏障，也承担着吸收营养物质、排出细胞代谢物质的任务。细胞核在细胞的生长中起着重要作用，是调节细胞作用的核心，是保存有机体的遗传物质的主要部位。细胞间质含水量约80%，是细胞进行生命活动的场所。

   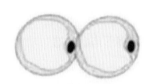

　　血红细胞　　　　　肠黏膜细胞　　　　　神经细胞　　　　　脂肪细胞

图1-1-3　形态各异的细胞

技能高考

1. 人体结构和功能的基本单位是（　　　）
   A. 细胞　　　　　　　B. 组织　　　　　　　C. 器官　　　　　　　D. 系统
2. 细胞核的主要作用是（　　　）
   A. 保护　　　　　　　　　　　　　　B. 进行生命活动的场所
   C. 遗传物质的主要存在部位　　　　　D. 连接

（二）组织

组织是由人体内许多形态相似、功能相同的细胞结合起来构成的细胞群。根据组织形态和功能的不同，人体组织主要有上皮组织、结缔组织、肌肉组织和神经组织。

1. 上皮组织

上皮组织主要由排列紧密的上皮细胞组成，覆盖于人体表面或者有腔器官的腔面，具有保护、吸收、分泌和排泄等功能。

2. 结缔组织

结缔组织分布广泛，由细胞、纤维和大量细胞间质构成，具有连接、支持、营养、保护等多种功能。

一般可以分为固有结缔组织、软骨组织、骨组织和血液四大类。

3.肌肉组织

肌肉组织由肌细胞组成，可以分为平滑肌、骨骼肌和心肌三种。

平滑肌广泛存在于各种内脏器官中，肌细胞无横纹，一般呈梭形，具有兴奋性、传导性、收缩性等作用。平滑肌可以完成各种任务，其活动受自主神经支配，也被称为不随意肌。

骨骼肌附着在骨骼上，是横纹肌的一种，肌细胞呈长圆柱状。因其活动受到人的意识支配，也被称为随意肌，具有完成运动、维持身体姿势、保护骨骼等多种功能。

心肌是心脏的特有肌肉，也有横纹，细胞呈现短柱状，具有收缩性、传导性、自律性、节律性的特点，为血液循环提供动力。

4.神经组织

神经组织存在于人体的脑、脊髓和周围神经系统中。由神经元和神经胶质组成，神经组织具有接受刺激、产生兴奋、传导兴奋的作用。

（三）器官

器官是由几种组织有机结合并能够独立完成一定生理功能的结构单位。器官一般有固定的位置，比如五官、内脏等。也有一些容易被人忽略的器官，比如人体最大的器官——皮肤。人体的很多功能必须由许多形态、构造、功能不同的器官共同协作完成。

（四）系统

系统是由若干功能相关且按一定的顺序组合在一起的器官构成，它们可以共同完成某一特定连续的生理功能。人体八大系统在神经系统和体液的调节作用下，互相配合、互相制约地共同完成人体的各种生理活动。

三、人体的健康

健康是人类永恒的话题，由于经济水平、社会环境的不同，健康的概念也在不断演变。有代表性的"四维健康"概念是世界卫生组织在1989年提出的："健康不仅是没有疾病，而且包括身躯健康、心理健康、社会适应良好和道德健康。"围绕着这个定义，世界卫生组织在1999年根据人类的实践经验提出了"五快三良"简易的健康标准。"五快"指的是"吃得快、便得快、睡得快、说得快、走得快"；"三良"指良好的个性人格、处事能力和人际关系。

幼儿的健康主要是指幼儿身躯健康、心理健康及社会适应良好。幼儿健康的标志是"三个正常两个良好"。"三个正常"是"遗传正常、发育正常、生理功能正常"；"两个良好"是"精神良好、适应性良好"。

以上是幼儿健康的基本概念，为照护者对幼儿进行正确照护提供了方向。

四、人体的新陈代谢

人体基本生理特征有新陈代谢、应激性、兴奋性、适应性、生长发育和生殖等，其中新陈代谢起着基础作用。新陈代谢包括物质代谢和能量代谢，指的是人体与外界环境中物质和能量的交换过程，以及人体内物质和能量的转化过程，是生命存在和自我更新的必要条件。一般来说，年龄越小，新陈代谢的速度越快。幼儿的新陈代谢往往伴有易饿、易兴奋、多汗等现象的出现。

新陈代谢有同化作用和异化作用两种形式。同化作用指的是人体不断摄取营养物质变成自己身体的一部分并且储存能量的过程；异化作用指的是构成人体的部分物质氧化分解、释放能量并把排泄物排出体外的过程。两者关系密切，不可分割。通常来说，幼儿新陈代谢的同化作用大于异化作用，有利于他们的生长发育；成年人新陈代谢的同化作用和异化作用大体趋于平衡。

技能高考

判断：人体的新陈代谢是人体与外界环境中能量的交换过程以及人体内物质和能量的转化过程，是生命存在的必要条件。　　　　　　　　　　　　　　　　　　　　　　（　　）

拓展阅读

酶

一般认为，酶是具有催化作用的蛋白质或 RNA 即核糖核酸，又称生物催化剂。酶支配着新陈代谢中物质和能量的转换等过程，主要有以下特点：

（1）高效性。酶的催化效率是一般无机催化剂的若干倍，反应效率高。

（2）专一性。每种酶只能催化一种化学反应，如蛋白酶只能催化蛋白质。

（3）易变性。大多数酶是蛋白质，容易因高温、强酸、强碱等而失去作用。

（4）温和性。在 30℃ 左右时，酶的活性最强。

五、人体的生理功能调节

当外界环境发生变化时，人体需通过调节形成统一的整体恢复体内稳定的状态以适应内外环境的变化。人体生理功能调节方式主要有神经调节、体液调节和自身调节。

神经调节通过反射影响人体功能活动，是人体主要的调节方式。反射是在神经中枢的参与下人体做出的有规律的应答，分为条件反射和非条件反射，前者如小狗听到吃饭的铃声就会流口水等，是通过后天刺激形成的；后者如吮吸等，是幼儿与生俱来的。神经调节的结构基础是反射弧。当机体受到刺激时，感受器迅速经由传入神经到达神经中枢，神经中枢迅速做出判断并把解决指令通过传出神经抵达效应器，身体就会产生相应反应，如下页图 1-1-4 所示。神经调节的特点是迅速、准确、短暂，但是作用范围有一定的局限。

如下页图 1-1-5 所示，体液调节指体内一些细胞分泌的某些特殊的化学物质，如激素和代谢产物等，经血液、组织间液等运输，作用于人体的器官和组织等，达到调节人体新陈代谢、生长发育、生殖等相对缓慢的生理功能，比如胰岛素对血糖的调节等。体液调节的特点是缓慢而持久，受影响的部位比较广泛。

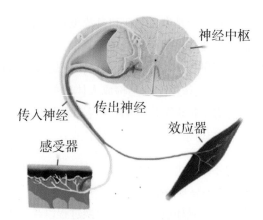

图 1-1-4 人反射弧

图 1-1-5 体液调节的过程

自身调节指不依赖于神经或体液作为中介，自身器官、组织、细胞等对刺激发生的适应性调节过程。这种反应是组织细胞的生理特性，比如心肌对收缩和力量的调节。自身调节的特点是调节的幅度和范围较小。

浩浩妈妈发现，当 1 岁的浩浩手指接触到热的物体时，他会立刻把手缩回来。请问，产生这种现象的原因是什么呢？

请说一说人体的结构及主要部位的名称。

任务 2　幼儿运动系统

● 案例导入 ●

春天来了，幼儿园组织大班幼儿进行户外徒步活动，王老师说班上幼儿紫萱患有扁平足，不宜参加这个活动，实习老师小李觉得小朋友没有那么娇气，可以参加这个活动。

什么是扁平足？紫萱可以参加户外徒步活动吗？在保教活动中，遇到扁平足的幼儿要注意什么呢？

一、幼儿运动系统的组成及功能

幼儿运动系统主要是由骨、骨连结和骨骼肌三部分组成的。不同的骨在骨连结的作用下，构成骨骼，骨骼肌附于骨的表面。一般来说，骨骼是人体的支架，骨骼肌是人体运动的动力。运动系统起着运动、保护内脏、支撑身体、参与钙磷代谢、造血等作用。

（一）骨

幼儿的骨头数量比成人的多，新生儿的骨头有 305 块，随着年龄的增长，有些骨头将逐渐合为一块，正常成人的骨头有 206 块。成人全身的骨骼约占体重的 20%，新生儿全身的骨骼约占体重的 14%。人体的骨骼按照部位分为颅骨、躯干骨、四肢骨三部分。人体骨骼结构如图 1-2-1 所示。

骨是由有机物和无机物构成的，有机物主要是胶原纤维，使骨具有韧性和弹性，无机物主要是钙，使骨具有坚固性。幼儿骨头中有机物含量多于 1/3，无机物含量少于 2/3，因此弹性大易变形。人在成年以前，长骨的两端有一层软骨称为骺软骨，使骨不断地长长和长粗，直到 20~25 岁，这层软骨才完全骨化。

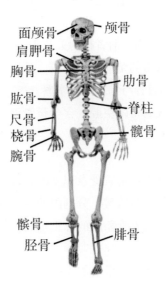

面颅骨　颅骨　肩胛骨　胸骨　肋骨　肱骨　脊柱　尺骨　桡骨　髋骨　腕骨　髌骨　腓骨　胫骨

图 1-2-1　人体骨骼结构

判断：幼儿的骨骼数量和成人一样多。　　　　　　　　　　　　　　　　（　　）

人体的骨按照形态主要分为四类：长骨，呈中空管状，如人体的四肢骨等；短骨，一般呈立方体，如腕骨等；扁骨，呈宽扁板状，如顶骨等；不规则骨，形态各异，大小不同，如椎骨等。无论形态如何，每块骨都是由骨膜、骨质和骨髓构成的。骨骼结构如图 1-2-2 所示。骨膜是紧贴在骨的表面的一层结缔组织膜，有丰富的血管和神经，对骨提供营养、生长等有重要作用。骨质分为骨松质和骨密质两类，前者主要位于骨的两端，后者主要集中于骨干。骨髓位于骨的中央，分为红骨髓和黄骨髓两种。幼儿期，骨髓为红色，造血功能强，大约从 5 岁开始，红骨髓逐渐被脂肪组织代替，变成黄骨髓，失去造血功能。

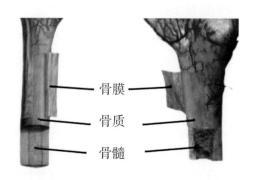

图 1-2-2　骨骼结构

（二）骨连结

骨与骨的连结称为骨连结，根据连接方式不同分为直接连结和间接连结，直接连结通过纤维、软骨或者骨结合连接在一起，如颅骨等；间接连结通过关节连接，如膝关节等。

关节是由关节面、关节囊、关节腔构成的。关节面表面覆盖一层软骨，可以减少运动时的摩擦、震动和冲击。每个关节面都有凸面和凹面，前者称为关节头，后者称为关节窝。

关节囊是由附着在关节面周围致密的结缔组织组成，外层有坚韧的韧带把骨牢固地连结起来，内层是滑膜层，分泌滑液，减少运动时骨与骨之间的摩擦。

关节腔是关节囊和关节软骨围成的密闭空腔，含少量滑液。关节腔有维持关节的稳定性，并有润滑和营养关节软骨的作用。

（三）骨骼肌

人体全身共有 639 块骨骼肌，由于骨骼肌受意识支配，故又称"随意肌"。每块骨骼肌可分为肌腱和肌腹两部分，骨骼肌的两端是白色肌腱，分别附着在相邻的两块骨上；红色部分是肌腹，肌腹的外面包裹着结缔组织的肌外膜。成人骨骼肌的总重量约占体重的 30%。新生儿骨骼肌的总重量仅占体重的 25%。

骨骼肌是运动系统的动力部分，在神经系统的支配下，牵动骨骼产生运动。骨骼肌的生理特性有兴奋性、传导性、收缩性。

骨骼肌按照部位划分，可分为头颈部肌肉、躯干肌肉和四肢肌肉；按照外形可以分为长肌、短肌、扁肌、轮匝肌。

二、幼儿运动系统的特点

（一）生长速度快

幼儿骨膜比较厚，血管丰富，骨骼生长快，骨组织的再生及修复能力强。因此，婴幼儿身体发育迅速，尤其是0~1岁，1岁时的身高会比出生时增长25厘米左右。

（二）弹性大、硬度小

幼儿骨骼中有机物含量约大于1/3，无机物约少于2/3，相对于成人来说，幼儿骨弹性大而硬度小，不易骨折，但容易弯曲变形，可塑性强。正因为如此，幼儿的骨折被称为青枝骨折，主要特征是折而不断。随着年龄的增长，骨的硬度会逐渐增强。

拓展阅读

青枝骨折

青枝骨折多见于10岁以下的孩子，指的是孩子在遭受暴力时候发生的折而不断的现象。主要原因是他们的骨骼中含有较多的有机物，骨骼外部的骨膜较厚，具有很好的韧性，因此骨科医生就把这种特殊的骨折称为青枝骨折。这种骨折通常用石膏或者夹板固定治疗都有很好的效果。

在进行治疗时孩子肢体如果有肿胀、发凉或麻木，皮肤有青紫等情况即刻送往医院复查。

（三）钙化尚未完全

1.囟门

由于新生儿的颅骨结合不紧密，刚出生时头顶有两个大小不一的间隙，仅有结缔组织覆盖，称为前囟和后囟，如图1-2-3所示。

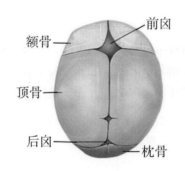

图1-2-3　囟门

新生儿前囟的斜径有1.5~2.5厘米，一般在12~18个月时闭合。后囟差不多有指尖大小，一般在2~4个月闭合。囟门早闭，可能是由于胚胎时期感染导致脑发育不良，可能造成头颅过小，影响智力。囟门晚闭，多是由于疾病所致，常见于佝偻病、脑积水、呆小症及生长过速的婴儿。

2.腕骨

新生儿的腕骨都是软骨,随着年龄的增长,软骨逐渐钙化,直到10岁左右,腕骨才会全部钙化完成。因此,幼儿不宜手提重物、长时间写字等。临床上也用腕骨钙化程度来测量幼儿的骨龄。

3.生理弯曲

人类的祖先直立行走后,脊柱产生了系列适应性改变,出现四个生理弯曲,如图1-2-4所示。脊柱的四个生理弯曲包括颈曲、胸曲、腰曲、骶曲,可以帮助人体增强脊柱的缓冲震荡能力。一般来说,骶曲在胎儿期就已经形成,婴儿2~3个月抬头时逐渐出现颈曲,6~7个月坐立时出现胸曲,10~12个月走路时出现腰曲。成人一般在20~21岁,脊柱才会真正定型。因此,婴幼儿期要加强正确的坐姿、走姿培养,以免引起脊柱侧弯、脊柱前凸和脊柱后凸等病症。

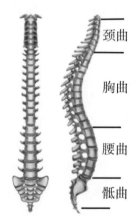

颈曲

胸曲

腰曲

骶曲

图1-2-4　脊柱的生理弯曲

4.骨盆

骨盆连结脊柱和下肢之间的盆状骨架,由髂骨、坐骨、耻骨借助软骨连接而成,支持保护腹盆内器官,并将体重传递到下肢。幼儿时期的骨盆尚未骨化,直到19~25岁,骨盆才能形成一块完整的骨。因此,幼儿不要从高处往低处跳,蹦蹦跳跳时也要注意安全,尤其是女孩,骨盆的错位变形会影响生育功能。

(四)关节灵活但牢固性差

幼儿关节周围的组织发育尚未健全,韧带比较松,起不到明显的关节收紧的作用,因此,他们关节的伸展性、灵活性、柔韧性都比较强,牢固性比较差。要避免暴力牵拉幼儿的手肘等,以防引起桡骨头半脱位。2~3岁幼儿易发生桡骨头半脱位,主要是由于大人过度牵拉孩子手臂所致。幼儿一旦发生桡骨头半脱位,须立即就医,否则容易造成畸形。

拓展阅读

扁平足

正常足都有自然向上凸起的形状,也就是足弓,足弓是由足骨、韧带和肌肉等共同构成的,可以缓冲人在运动时地面对脚的冲击力量,并且对脚底的血管、神经起着保护作用。婴幼儿由于足弓不结实,造成足内侧纵弓塌陷,形成扁平足。

扁平足的危害主要有：

（1）长时间走路，容易引起疼痛、肿胀等症状。

（2）严重时，可能会导致脚趾关节、膝关节等部位变形。

（3）长时间运动或走远路，可能会使足底筋膜受到过度牵拉，从而发生无菌性炎症。

如果幼儿过于肥胖、长时间站立或者行走容易形成扁平足。

（五）肌肉水分多，易疲劳

幼儿肌肉水含量较多，蛋白质、脂肪及无机盐的含量较成人少。此外，幼儿肌腱短而宽，肌纤维细，故而他们的肌肉收缩力差，容易疲劳。但幼儿新陈代谢旺盛，氧气供应充足，疲劳消除得也很快。

幼儿大肌肉发育早，小肌肉发育晚。3 岁的幼儿已经可以熟练地走路，但是写字、画画等需要做精细动作的运动，幼儿要成长到 5 岁左右才能完成。

三、幼儿运动系统的保育要点

（1）让幼儿多晒太阳，晒太阳可以促进人体内维生素 D 的生成，预防佝偻病。

（2）培养幼儿正确的坐、立、行、走等姿势，预防脊柱发育畸形。

（3）合理组织活动，促进幼儿骨骼和肌肉的发育。

（4）照护幼儿时动作轻柔。

案例分析

某幼儿园准备举办春季运动会，李老师建议开展小班幼儿拔河比赛。"这样可以帮助幼儿体会团队合作的力量。"她兴奋地说。你认为她的观点对吗？为什么？

课堂小活动

请说一说人体骨骼的名称。

任务 3　幼儿呼吸系统

━━━━━━━━━━━━━━━━━━━━━━━━━━━━ ● 案例导入 ● ━━━━━━━━━━━━━━━━━━━━━━━━━━━━

　　四岁的甜甜很喜欢唱歌，幼儿园要举办六一儿童节的庆祝活动，王老师毫不犹豫地推荐她参加独唱表演。为了达到最佳节目效果，王老师带着甜甜排练了两个小时。第二天，甜甜的嗓子有点哑，家长认为老师安排的训练时间太长了。王老师说："幼儿的嗓子容易哑，这种情况很正常，等到恢复后再练习吧。"

　　王老师的话正确吗？我们应该如何保护幼儿的嗓子？

━━

一、幼儿呼吸系统的组成及功能

　　呼吸系统是人体进行新陈代谢并与外界进行气体交换的一系列器官的总称。呼吸系统的主要功能是吸入氧气和排出二氧化碳，兼具嗅觉、发音等作用。呼吸系统主要分为上呼吸道和下呼吸道，前者包括鼻、咽、喉；后者包括气管、支气管和肺内的各级支气管等。呼吸系统的组成如图 1-3-1 所示。

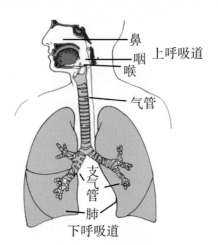

图 1-3-1　呼吸系统的组成

（一）上呼吸道

1. 鼻

　　鼻是呼吸道的起始部分，是保护呼吸系统的第一道防线，对空气有加温、湿润、过滤的作用，让温暖、湿润、干净的气体进入肺泡。整个鼻腔覆盖着一层黏膜和丰富的血管。当鼻腔受到刺激时往往会出现打喷嚏、流鼻涕的反应。鼻腔除了呼吸作用外，还有嗅觉感知和辅助发音的作用。

　　幼儿鼻的主要特点如下：

　　（1）鼻和鼻腔相对较小。婴幼儿面部颅骨发育不全，新生儿几乎没有下鼻道，幼儿 4 岁时，下鼻道才完全形成。

（2）容易感染和出血。幼儿没有鼻毛，鼻黏膜柔弱且血管丰富，鼻黏膜容易因感染而充血肿胀，使鼻腔更加狭窄，容易发生呼吸困难，也容易出血，是"易出血区"。

（3）鼻泪管较短。幼儿上呼吸道感染往往会侵入结膜，出现眼睑红肿、眼屎多等症状，也可能引发结膜炎。

判断：鼻对空气有加温、湿润、过滤的作用。　　　　　　　（　　　）

正确擤鼻子的方法

嘴巴紧闭，用食指按住一侧鼻孔，待另一侧鼻孔擤出鼻涕后，用同样的方式换另一侧鼻孔。但需要注意的是，不能用两指同时捏住双侧鼻孔一块擤，容易将鼻涕擤到双侧的咽鼓管内，引起中耳炎。对于患有慢性鼻炎或过敏性鼻炎的婴幼儿，更要注意擤鼻子时力度不要过大。擤完鼻子后一定要洗手。

2. 咽

咽是呼吸道和消化道的共同通道，与鼻腔、口腔、喉腔相通，具有吞咽以及呼吸的功能，对发音也起着辅助作用。幼儿鼻咽及咽部相较成人狭小一些，咽鼓管短且直，呈水平位，因此，感冒后容易并发中耳炎。另外，由于幼儿咽部淋巴组织丰富，细菌容易藏于腺窝深处，引发扁桃体炎。

技能高考

下列关于咽说法错误的是（　　　）

A. 咽是呼吸道和消化道的共同通道　　　B. 咽对发音也起着辅助作用

C. 幼儿咽鼓管短且弯，呈水平位　　　　D. 幼儿咽部淋巴组织丰富

3. 喉

喉连接咽和气管，是呼吸道最狭窄的部分，主要由会厌软骨、甲状软骨和环状软骨构成，喉腔内两条声带。喉的剖面图如图 1-3-2 所示。喉既是呼吸通道又是发音器官。

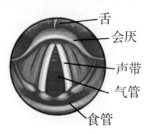

图 1-3-2　喉的剖面图

幼儿喉的特点如下：

（1）幼儿喉的位置较成人高。幼儿喉头最狭窄的部分在环状软骨，成人喉部最狭部分在声门。幼儿喉头有轻度炎症或水肿时即可引起呼吸困难。

（2）幼儿喉软骨尚未钙化，喉黏膜下组织比较疏松，淋巴组织丰富，容易发生肿胀。

（3）幼儿呼吸或发音时，会厌软骨打开，空气可以自由出入；吞咽时，会厌软骨自动关闭，避免食物进入气管。幼儿会厌软骨发育不全，如果在吞咽时说笑，容易导致异物入喉。

（4）幼儿声带长度仅为6~8毫米，发音音调较高。他们的声带不够坚韧，声门容易疲劳，如果长时间大声说话、唱歌或者发声方法不正确，很容易导致声带损伤、嘶哑。

（二）下呼吸道

下呼吸道由气管、支气管和肺内的各级支气管组成。

1.气管和支气管

气管是由"C"形软骨环形成的圆筒形管道，主要功能是传送气体进入胸腔内的肺组织中，同时具有防御、清除异物、调节空气温度和湿度的作用。管壁内有分泌液，表面覆盖带有纤毛的黏膜，能温暖或者冷却、湿润、净化吸入的空气。黏膜上的纤毛规则而又协同地向咽喉方向不停摆动，把灰尘等异物运送到咽。

2.肺

肺是气体交换的场所，位于胸腔之内，膈肌上方，一般分为左肺和右肺，左肺分为两叶，右肺分为三叶，被胸膜包裹。肺最小的功能单位是肺泡，肺泡附着在肺部支气管的细小分支上，肺泡和毛细血管的管壁由一层上皮细胞构成，有利于气体交换。吸气时，氧气通过肺泡进入血液中，经由心脏输送至全身；呼气时，周围毛细血管中的二氧化碳等通过呼气排出体外。从肺的颜色上看，新生儿的肺是淡红色，成年后逐渐变为深红色。

幼儿的下呼吸道的主要特点如下：

（1）由于幼儿气管和支气管较狭窄，弹力组织较差，管壁黏膜血管丰富且纤毛运动能力较差，因此容易因感染而导致呼吸道阻塞。

（2）幼儿右支气管短而粗，相对较直，气管位置较成人高一些，因此异物容易坠入右支气管内。

（三）呼吸运动

呼吸运动指的是在神经系统的控制下机体与外界环境之间气体交换的过程。呼吸时，胸廓会有规律地扩大和缩小。呼吸有三个互相联系的环节：外呼吸，指的是外环境与肺之间的肺通气和肺换气；气体在血液中的运输；内呼吸，指的是血液与组织细胞间的气体交换过程。

幼儿呼吸运动的形式有两种：一种是胸式呼吸，指的是膈肌以上，以胸部位的肌肉来控制空气进出的肺部的呼吸形式。另一种是腹式呼吸，指的是膈以下的呼吸肌辅以腹肌、膈肌下降的运动，来促进肺部气体的进出运动。幼儿胸廓活动范围小，呼吸肌发育不全，以腹式呼吸为主，随着年龄的增长，逐渐转变为胸式呼吸。

幼儿呼吸运动的主要特点如下：

（1）年龄越小，呼吸频率越快。幼儿呼吸系统发育尚不完善，肺活量和肺部的功能都比较弱，所需能量又较多，故加快呼吸频率作为代偿。不同年龄的婴幼儿呼吸频率见表1-3-1。

表 1-3-1　不同年龄的婴幼儿呼吸频率

新生儿	1 岁	1~3 岁	4~7 岁
40~45 次 / 分	30~40 次 / 分	25~30 次 / 分	20~25 次 / 分

（2）呼吸不均匀。幼儿呼吸运动的中枢神经发育不健全，一般是深度与浅表的呼吸交替，可能会出现呼吸节律不规则的现象，新生儿的表现尤为显著。

二、幼儿呼吸系统的保育要点

（1）培养幼儿良好的卫生习惯。教会幼儿养成用鼻子呼吸的习惯，不用手挖鼻孔，不随地吐痰，不蒙头睡觉等。

（2）保持室内空气新鲜。注意合理地开窗通风，排出二氧化碳，流入氧气，使幼儿情绪饱满，心情愉快。

（3）合理地组织幼儿进行活动，增强其呼吸肌的力量，促进胸廓和肺的正常发育，增加肺活量。运动时，肺部充分吸进氧气，排出二氧化碳，增强对疾病的抵抗力，降低幼儿的患病率。

案例分析

军军睡觉时喜欢把头蒙在被子里，老师及时将此事告诉了军军奶奶。军军奶奶说："他从小就是这样，以前说过他，他也不改。后来看对他身体没什么影响，就算了。"假如你是这位老师，应该怎样回答？

课堂小活动

请写出呼吸系统的主要结构，并讲讲幼儿呼吸系统的特点。

任务4 幼儿消化系统

●● 案例导入 ●●

某天，萱萱抱起弟弟时发现他的口水特别多，流得到处都是，妈妈说："小孩子都是这样长大的，流着流着就好了。"萱萱说："我学过，这个是生理性流涎。"

你觉得萱萱的话正确吗？为什么？

一、幼儿消化系统的组成及功能

消化系统由消化道和消化腺组成。消化道包括口腔、咽、食管、胃、小肠（十二指肠、空肠、回肠）、大肠（盲肠、阑尾、结肠、直肠、肛管）、肛门等。消化腺有小消化腺和大消化腺两种。小消化腺散在消化管各部的管壁内，大消化腺有三对唾液腺（腮腺、下颌下腺、舌下腺）、肝脏和胰脏。肝脏是人体最大的消化腺。消化系统的主要功能是消化和吸收，并把食物残渣排出体外。消化是在人体的消化道内，通过消化酶的作用，将食物中大分子物质转换成可被机体吸收的小分子的过程，分为物理消化和化学消化。前者指的是牙齿的咀嚼、舌的搅拌、胃肠的蠕动将食物和消化液充分混合；后者指的是通过各种消化酶使食物中的各种营养成分分解为可以吸收的营养物质的过程。吸收是指被消化的食物中的营养成分，通过小肠黏膜吸收进入体内血液循环，把营养成分运送到全身的过程。消化系统的构成如图1-4-1所示。

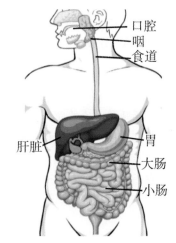

图1-4-1 消化系统的构成

（一）口腔

口腔内有牙齿、舌、唾液腺等器官。婴幼儿口腔黏膜柔嫩，血管丰富，容易感染。口腔有进食咀嚼、初步消化食物、辅助发音等功能。

1.牙齿

牙齿是全身最坚硬的器官。从形态上看，分为牙冠、牙颈、牙根三部分；从结构上看，牙冠从外到内是牙釉质、牙本质。牙根部分，从外到内依次是牙骨质、牙髓腔，牙腔内充满牙髓，有丰富的血管和神经。牙齿可以咀嚼磨碎食物，辅助发音，保持面部的协调美观。牙齿的构造如图1-4-2所示。

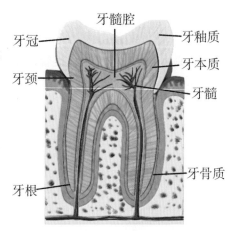

图1-4-2 牙齿的结构

幼儿牙齿的主要特点如下：

（1）新生儿没有牙齿，刚出生时有 20 颗乳牙牙胚，6 个月左右开始萌出乳牙，2 岁半左右乳牙长齐，6 岁左右换成恒牙。婴幼儿牙齿萌出时间如图 1-4-3 所示。

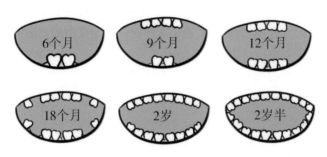

图 1-4-3 婴幼儿牙齿萌出的顺序

（2）幼儿乳牙的钙化程度低，牙釉质和牙本质较薄，奶渍和食物残渣很容易残留在乳牙上引起发酵，形成龋齿。

拓展阅读

新生儿的"螳螂嘴"和"马牙"

新生儿出生时，口腔的两侧颊部各有一个较厚的脂肪垫隆起。有的孩子更为明显，民间俗称"螳螂嘴"。有些老观点认为"螳螂嘴"会妨碍新生儿吃奶，需要割掉。其实这是不科学的，这是新生儿的正常生理现象，有助于新生儿吮吸奶水。

部分婴儿在 4~6 周，牙龈黏膜上会有微凸的乳白色或黄白色小颗粒，俗称"马牙"或者"板牙"，这是正常上皮细胞的堆积，数周后会自行脱落消失。

技能高考

判断：新生儿一出生就有 20 颗恒牙的牙胚。　　　　　　　　　　（　　）

2. 舌

舌是由黏膜、肌肉以及血管神经束构成。舌帮助人体进食，使人体咀嚼、吞咽动作顺利完成，同时也是发音的主要器官。舌的表面遍布着味蕾，感知酸、甜、苦、辣等各种味道，也能感知物体温度的变化和机械刺激。

（二）食管

食管是人体消化道器官的重要组成部分，是肌性管道，成年人的食管长约 25 厘米，新生儿的食管长约 10 厘米。食管上端连接咽，下端连接胃的贲门。食管通过舒张和收缩推送水和食物进入胃，胃的贲门较紧，可以防止食道反流。

幼儿的食管呈现漏斗状，黏膜纤弱薄嫩，弹力和肌肉层不发达，管壁的肌肉中弹性纤维发育不完善，容易受到损伤。

（三）胃

胃是消化道中最膨大的部分，位于左上腹部。胃的入口是贲门，出口是幽门，上接食道，下通小肠。胃空虚时黏膜会形成许多皱襞，充盈时变平坦。胃的主要功能就是能把食物、消化液充分混合，通过胃的蠕动初步研磨以及消化液的作用共同把食物变成食糜，有利于小肠的消化和吸收。一般来说，胃排空水的时间是 10 分钟，排空混合食物需要 4~5 小时，代谢蛋白质、脂肪需要 5~6 小时，代谢糖类需 2 小时以上。对于新生儿来说，代谢母乳的时间为 2~3 小时，代谢牛乳的时间为 3~4 小时，代谢水的时间为 1~1.5 小时。

幼儿胃的主要特点如下：

（1）幼儿的胃最初为水平位，6 个月后，胃会变为垂直状态。由于胃的平滑肌发育尚未完善，以及贲门张力低，胃部在充满液体食物后，容易漾奶。

（2）胃容量逐渐变大，新生儿的胃容量 30~60 毫升，1~3 个月婴儿 90~150 毫升，1 岁婴儿250~300 毫升，5 岁幼儿 750~850 毫升。

（3）幼儿胃壁肌肉薄，伸展和蠕动功能较差，胃液分泌少，消化能力较弱。

（四）肠

小肠是消化系统中最长的一段，也是消化食物和吸收营养最重要的部分。上接幽门，下续盲肠，成年人的小肠达 5~7 米，小肠分为十二指肠、空肠和回肠三部分。小肠壁突起形成许多环状皱襞，表面有许多细小的小肠绒毛。绒毛可以左右摆动和上下收缩。

小肠的主要功能是消化食物，吸收营养。水、无机盐、维生素由小肠直接吸收。糖、脂肪分解为甘油和脂肪酸，蛋白质分解为氨基酸，才能被小肠吸收。

大肠上端连接小肠，下端连接盲肠，分为盲肠、阑尾、结肠、直肠和肛管几部分，其主要生理功能是吸收水分、无机盐等，形成、传输并暂时储存粪便。

幼儿肠的主要特点如下：

（1）幼儿的肠比成人的长，新生儿肠的长度大约是其身高的 8 倍。

（2）肠容易感染细菌。幼儿的肠壁较薄且血管丰富，如果发生消化道感染，肠道就容易滋生细菌。

（3）肠蠕动功能差，易发生便秘。由于幼儿肠壁肌肉组织和弹性纤维发育不完善，肠的蠕动能力比成人差，易造成便秘。

（4）肠固定性差，幼儿易发生脱肛或者肠套叠等。由于他们的肠系膜柔软而细长，黏膜下组织松弛，肠壁薄、固定性差。若幼儿腹部受凉、突然改变饮食习惯、腹泻等，肠蠕动加强并失去正常节律，从而造成肠套叠或者肠绞痛。幼儿肠道疾病的产生原因及其症状见表 1-4-1。

表 1-4-1　幼儿肠道疾病的产生原因及其症状

肠道疾病	产生原因	症状
肠绞痛 / 肠套叠	腹部着凉或饮食不当	脐周疼痛明显，也可出现左下腹、中上腹绞痛，严重患儿伴有手足发凉，手脚紧握，最后甚至会导致排气和排便停止
肠扭转	受到了细菌感染	恶心呕吐，腹部胀痛，并且还会出现腹泻或排便次数增多

拓展阅读

肠套叠

肠套叠指的是一段肠管套入另一段肠管,引起肠道梗阻的情况。多数发生在5岁以下的幼儿。主要原因是幼儿的胃肠功能结构很不完善。主要症状是:

(1)阵发性腹痛。患儿出现腹痛时可能不会明确表达,多数可能表现为阵发性哭闹,数分钟或者十几分钟的哭闹之后缓解,也可能出现更长时间无法安抚好的哭闹现象。

(2)腹部肿块。肠套叠患儿前期可能会出现腹部肿块,后期可能发生腊肠样改变。

(3)果酱样大便。患儿初期大便正常,4~12小时后会出现便中带血,类似果酱样。

(4)呕吐。患儿腹痛发作后不久便会发生呕吐。初期可能为乳汁、乳块或者食物残渣,随之可能是胆汁,晚期甚至可吐出粪便样液体。

如果确诊为肠套叠,应该及时到医院就诊,进行针对性治疗,缓解疾病状态。

(五)消化腺

1. 大消化腺

大消化腺有3个组成部分,分别是唾液腺、胰腺和肝脏。唾液腺的构成主要是腮腺、颌下腺和舌下腺,其中腮腺最大。唾液腺分泌的唾液含有淀粉酶和溶菌酶,可以消化淀粉食物、杀灭口腔细菌。婴儿在3~4个月时唾液分泌才明显。

胰腺位于胃的后方,它的外分泌功能主要是分泌胰液,胰液含有胰淀粉酶、胰脂肪酶、胰蛋白酶等,可以分解食物;内分泌功能是分泌胰岛素,调节血糖的代谢,使血糖保持相对稳定。

肝脏是人体最大的消化腺,颜色为棕红,分为左、右两叶。一般情况下,成人的肝脏在右肋弓里面,一般从腹部不易摸到。幼儿的肝部下缘露出到右肋弓下属于正常情况。肝的主要功能包括分泌胆汁,将脂肪分解为甘油和脂肪酸,促进脂肪的消化和吸收;可以储存糖原,维持体内血糖的恒定;可以分解酒精、药物等外来或体内代谢产生的有毒物质。

2. 小消化腺

小消化腺是指分布于消化管壁内的胃腺和肠腺等,胃腺分泌胃液可以消化蛋白质等营养物质。肠腺可以分泌肠液,呈碱性,含有消化酶,可以分解淀粉、蛋白质、脂肪等。

幼儿消化腺的主要特点如下:

(1)幼儿肝脏体积相对较大。一般可达体重的1/20,成人的肝脏约占体重的1/50,但由于幼儿分泌的胆汁较少,因此消化脂肪的能力较差。

(2)幼儿肝糖原储存量少。幼儿在饥饿时,容易出现"低血糖症",主要症状是有饥饿感、心慌、出冷汗、无力。

(3)幼儿解毒能力差。一定要谨遵医嘱给幼儿服药,不能私自给幼儿服用成人药品。另外还要严防食物中毒,不能给幼儿喂食发霉变质的食物。

二、幼儿消化系统的保育要点

（1）帮助幼儿养成漱口和刷牙的习惯。

（2）幼儿须定时定量进餐。为幼儿创设良好进餐环境，不能饥一顿饱一顿。

（3）合理安排幼儿的活动时间。

案例分析

宝宝一出生，奶奶就发现孩子的牙床上有颗小小的牙，奶奶要把这颗小牙齿拔下来，并且说："孩子一出生就长牙不是好兆头。"妈妈阻止了她。请问谁做得对？应该怎么处理？

课堂小活动

请画出食物在人体的消化过程图。

任务 5　幼儿循环系统

● 案例导入 ●

幼儿园中班的幼儿在开展体育活动，当小朋友们快乐奔跑时，老师发现文文神色不正常。老师急忙查看，文文心跳加速、呼吸急促、脸色苍白。老师立即拨打120，将她送到医院。

文文的身体出现以上情况的原因是什么？

一、幼儿循环系统的组成及功能

循环系统包括血液循环系统和淋巴系统，是人体内封闭的管道系统。

血液循环系统主要由心脏和血管组成，分为体循环和肺循环两种，心脏是血液循环的动力器官。血液在心脏和血管中周而复始地沿着一个方向流动，将氧气和营养物质运输至全身，还将体内的二氧化碳和其他废物运输到排泄器官，排出体外。血液循环系统如图1-5-1所示。

淋巴系统是血液循环系统的辅助部分，由淋巴管、淋巴组织、淋巴器官构成。淋巴液流入血管参与循环，是人体重要的防卫系统。淋巴系统的动力主要靠动脉和肌肉的收缩等。淋巴系统具有生成淋巴细胞和抗体，清除体内的异物、细菌等，参与机体免疫、保持机体内环境的稳定以及体温的恒定等功能。

（一）血液循环系统

1. 心脏

心脏位于胸腔中部，偏左下方，形状像桃子，有很强的收缩和舒张力，将血液送至全身各处。成年人的心脏约有拳头那么大。心脏有四个腔室，分别为左心房、右心房、左心室、右心室。主动脉和肺动脉起始部的内侧都有袋状瓣膜，瓣膜的作用是使血液只向一个方向流动。心脏结构如图1-5-2所示。

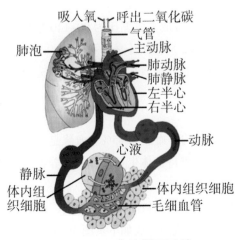

图 1-5-1　血液循环系统

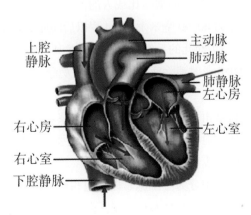

图 1-5-2　心脏结构

幼儿心脏的主要特点如下：

（1）幼儿心脏体积相对成人较大，直至青春期后，逐渐达到成人水平。

（2）幼儿心腔小，心肌收缩力差，心脏排血量少，每搏输出量少。

（5）幼儿年龄越小，心率越快。由于他们心肌薄弱，心脏容量小，为了满足新陈代谢的需要，只有通过心率加快获得更多氧气。活动、哭闹、进食和发热等都可以影响幼儿心率的快慢。幼儿体温每升高 1 ℃，其心率增快 10~15 次 / 分。不同年龄婴幼儿的平均心率见表 1-5-1。

表 1-5-1　不同年龄婴幼儿的平均心率

年龄	新生儿	1 岁以下	2~3 岁
平均心率	120~140 次 / 分	110~130 次 / 分	100~120 次 / 分

拓展阅读

运动中突然停止的坏处

机体在运动时，心脏会向骨骼肌输送大量的血液。如果此时立即停止活动，血液会仍然留在肌肉中，静脉回流少，心腔输出量减少，血压就会降低，容易造成机体脑部暂时缺血，从而引发恶心、呕吐、面色苍白、心慌甚至晕倒等情况。

2. 血管

血管分为动脉、静脉和毛细血管三种。动脉是血液从心脏经由各级分支血管流向全身的血管，具有管壁厚、有弹性、血流速度快、管腔细等特点。静脉是血液经由身体各处的毛细血管回流到心脏的血管，具有管壁较薄、管腔较大、管腔粗、血流速度慢等特点。毛细血管是连接动脉和静脉之间的血管，也是血液中气体和物质进行交换的部位，具有管径细小、通透性大的特点。

幼儿血管的主要特点如下：

（1）幼儿的动脉内径比成人的宽，新生儿的动静脉内径之比为 1：1，成人为 1：2。幼儿血管薄，弹性较小，有利于幼儿新陈代谢和生长发育。

（2）幼儿的血压比成人的低，且年龄越小，血压越低。正常成人收缩压为 90~140 毫米汞柱，舒张压为 60~90 毫米汞柱，4 岁以后幼儿的收缩压为：（年龄 ×2）＋ 80（毫米汞柱）。

（3）幼儿的毛细血管丰富，尤其是肺、肾、皮肤等部位。这些血管血流量大，供氧充足，可以帮助幼儿及时消除疲劳，促进生长发育。

3. 血液

血液由血浆和血细胞组成。血浆约占血液的 55%，血细胞约占血液的 45%。血浆是一种淡黄色的液体，血浆中 90% 以上是水，主要功能是运载血细胞，运输维持机体生长发育的营养物质以及体内的代谢废物。

血细胞分为红细胞、白细胞和血小板。红细胞的功能是运输氧气和输出二氧化碳，白细胞的功能是吞噬病菌并且参与免疫，血小板可以起到止血的功能。血细胞的组成如下页图 1-5-3 所示。

图 1-5-3　血细胞的组成

血液的颜色也不同，动脉血由于含氧量多，呈鲜红色；静脉血含氧量少，呈暗红色。

幼儿血液循环系统的主要特点如下：

（1）幼儿血液量相对成人较多，年龄越小，血液量和体重的比例越高。一般来说，幼儿的血液量占其体重的 9%~12%，成人的血液量占其体重的 7%~8%。

（2）幼儿血液中，血浆含水分较多，占比约为 91%，含凝血物质较少，幼儿出血时，血液凝固较慢。

（3）幼儿血液红细胞中，血红蛋白的数量较多，并且具有强烈的吸氧性，有利于幼儿的新陈代谢。

（4）幼儿血液白细胞中的中性粒细胞比例较小，抵抗疾病能力较差，易被感染。

（5）幼儿血液循环量增加，喂养不当，易造成贫血。

（二）淋巴系统

淋巴系统是血液循环系统的辅助部分，遍布全身各处，是机体内重要的防御系统。淋巴系统的主要功能是生成淋巴细胞，清除体内有害物质和产生抗体，阻止病毒等进入机体深处。淋巴系统在学前期发育迅速，12 岁左右达到高峰。淋巴系统的构成如图 1-5-4 所示。

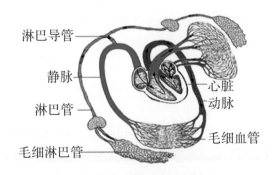

图 1-5-4　淋巴系统的构成

幼儿淋巴系统的特点：

（1）幼儿的淋巴系统尚未发育完善，屏障作用较差，一旦当机体受到感染就很容易扩散。

（2）淋巴结防御和保护能力显著。幼儿在感染时常有淋巴结发炎肿大，甚至可以用手触摸到蚕豆大小的淋巴结，尤其是出现扁桃体肿大、发炎等现象。

（3）扁桃体位于咽部后壁两侧，在幼儿 2 岁后开始增大，4~10 岁时发育达到高峰，14~15 岁时逐渐退化。

二、幼儿循环系统的保育要点

（1）预防幼儿贫血，多喂食富含铁和蛋白质的食物。

（2）科学组织幼儿进行体育活动，提升心肌的活力，也有利于静脉血的回流。

（3）预防传染病。幼儿发烧会影响心脏的功能，体温每上升 1 ℃，心率会增加 10~15 次 / 分。

拓展阅读

先天性心脏病

先天性心脏病是胎儿时期心脏和大血管发育异常所导致的先天心血管系统畸形，是 4 岁以下的幼儿常见的心脏病。据统计，每千名新生儿中，有 6~7 名先天性心脏病患儿。

先天性心脏病一般与高龄产妇、遗传、染色体畸变有关。外部致病因素有：患儿母亲妊娠早期时受宫内病毒感染；患儿母亲有代谢性疾病，如糖尿病、高钙血症、宫内慢性缺氧等；患儿母亲接触过大量放射线等。

明明的妈妈是一位时髦的女性。最近流行穿紧身裤，她毫不犹豫地给 4 岁的明明买了一条。裤子把明明的双腿紧紧包裹住，显得十分修长。"这样才帅气。"妈妈得意地说。你觉得明明妈妈的做法对吗？为什么？

请看着人体循环系统的图，说一说人体循环的特点及保育要点。

任务6　幼儿内分泌系统

● 案例导入 ●

小王每次看自己的孩子都觉得看不够，有时候也纳闷，为什么刚出生的小孩子睡觉的时间这么长？晚上，灯光下，孩子的脸蛋格外可爱，她不禁抱起孩子摇来摇去，不一会儿孩子醒了。奶奶说："孩子是在睡梦中长个儿的，你这样会影响孩子的发育。"小王觉得奶奶说的言过其实。

小王的观点对吗？为什么？

一、幼儿内分泌系统组成及功能

人体之所以是一个统一的整体，主要原因是人体的活动都受神经系统的调节，同时部分活动还受内分泌系统的调节。内分泌系统是由内分泌腺和内分泌组织构成，前者是以独立的器官形式存在于体内，如脑垂体、甲状腺、胸腺、肾上腺等，后者散见于其他器官内的内分泌细胞团。内分泌系统分泌的激素对人体的新陈代谢、生长发育等方面起着重大作用，也可以增强机体在有害刺激的环境条件下的抵抗或适应能力。内分泌系统的构成如图1-6-1所示。

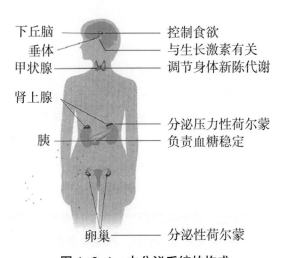

图1-6-1　内分泌系统的构成

（一）脑垂体

脑垂体位于丘脑下部，是一个卵圆形小体。脑垂体是人体最重要的内分泌器官，分泌生长激素促进软骨、骨以及肌肉的生长。脑垂体也分泌其他激素，支配甲状腺、肾上腺、性腺的活动。脑垂体还分泌催乳素，促进乳房发育成熟和乳汁分泌等，因此脑垂体被称为"内分泌之王"。

幼儿脑垂体通常白天生长激素分泌少，夜间进入深度睡眠后，生长激素会大量分泌。通常来说，生长激素缺乏会造成侏儒症，生长激素分泌过多则会导致巨人症或者肢端肥大症。

（二）松果体

松果体位于间脑和丘脑之间，是灰红色椭圆形小体，有分泌褪黑素、形成生物钟、抑制性早熟等作用。幼儿期，松果体发育最快；7岁后，松果体逐渐萎缩；成年后，松果体部分钙化。

（三）甲状腺

甲状腺位于气管上端、甲状软骨两侧，形似红褐色蝴蝶，是人体最大的内分泌腺。青春期时，甲状腺功能达到高峰。甲状腺素可以促进新陈代谢、维持机体正常生长发育和智力发展、提高神经系统的兴奋性。碘是合成甲状腺素的主要原料。

甲状腺激素分泌过多容易导致甲亢，但是幼儿患此病的概率较成人小得多。甲亢患者有突眼、脖子大等典型特征，另外还会出现情绪容易激动、出汗较多、呼吸加快、进食和便次增多，以及体重减少等症状。甲状腺激素分泌不足则可能会导致甲减，患者呈现喜热怕冷、心率减慢等症状。孕妇如果缺少甲状腺激素，胎儿出生后容易患克汀病，也就是呆小症，通常这类幼儿身材矮小、耳聋并伴有性发育不成熟等特征。

技能高考

关于甲状腺素正确的说法是（　　　　）
①主要调节性激素　②提高神经系统的兴奋性　③调节新陈代谢　④分泌过少则容易导致甲亢
A. ②③　　　　　　　B. ①③　　　　　　　C. ①④　　　　　　　D. ②④

拓展阅读

克汀病的预防

克汀病主要是由于碘缺乏引起的。如何预防克汀病呢？

食用碘盐是预防碘缺乏最简便、安全、有效的方式。如果严重缺碘，可以谨遵医嘱进行补碘。一般在孕妇妊娠6~10个月时，要多吃富含碘的食物，如紫菜、海带等。同时还要注意定期体检，关注B超、唐氏筛查的结果。

（四）胸腺

胸腺位于胸骨的后方，呈灰赤色，扁平椭圆形。胸腺功能是可分泌胸腺素，将来自骨髓、脾等处的原始淋巴细胞在胸腺转化为具有免疫能力的细胞，与免疫紧密相关。

（五）肾上腺

肾上腺位于两侧肾脏的上方，左侧形似半月，右侧形似三角。肾上腺分泌的皮质醇主要用于调理机体部分物质的代谢，如水、糖、蛋白质、脂肪等。肾上腺还分泌性激素维持人体性别特征。除此之外，肾上腺还能调节人体血压。

（六）胰腺

胰腺位于胃和腹膜后面，分为外分泌腺和内分泌腺，其主要功能是帮助人体消化脂肪、蛋白质和葡萄糖。

二、幼儿内分泌系统的保育要点

（1）帮助幼儿培养良好的睡眠习惯，保证充足睡眠。根据幼儿生长发育的特点，创设良好的睡眠环境，不打断幼儿的睡眠。

（2）帮助幼儿适当补碘。科学合理地给幼儿安排富含碘元素的食物。

（3）不盲目向幼儿喂食营养品，防止性早熟。谨慎选择食材，不要选择含有性激素的食品，不要让幼儿用成人化妆品，避免性早熟。

5 岁的宝宝个子比同龄人矮小，妈妈很着急，带他去医院检查，医生说是内分泌紊乱。妈妈喜欢给宝宝买各种昂贵的营养品，希望宝宝吃了补品长高个。

妈妈的做法对吗？如何对宝宝进行内分泌系统的保育？

请说一说如何为幼儿创设良好的睡眠环境。

任务7　幼儿神经系统

● 案例导入 ●

壮壮妈妈最近发现一个奇怪的现象，5岁的壮壮平时很乖巧，可是家里来了客人，他就异常兴奋，大喊大叫，妈妈怎么制止都无法停下来。壮壮妈妈和老师交流了这个现象，老师安慰她说："对于他这个年龄的幼儿来说，这个现象是正常的。"

老师的话有道理吗？为什么？

一、幼儿神经系统的组成及功能

神经系统由中枢神经系统和周围神经系统组成，中枢神经系统包括脑和脊髓，脑位于颅腔内，脊髓位于椎管内。周围神经系统由12对脑神经、31对脊神经和自主神经组成，脑神经主要分布于头部，脊神经主要分布于躯干和四肢；自主神经主要分布在平滑肌、心肌和腺体等。神经系统的构成如图1-7-1所示。

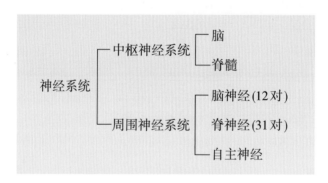

图1-7-1　神经系统的构成

神经系统是在各系统中起着主导作用，调节和控制各器官协调统一地进行着不同的生理活动，使机体对内外环境变化做出相应的反应。

神经系统的基本结构单位是神经元，神经元由细胞体和突起构成。细胞体可以储存营养物质、联络、整合、输入并且传出信息。突起分为轴突和树突。神经元是通过轴突传递神经元发出的冲动。树突较短，分支较多，帮助神经元之间产生连接或交换信息。

神经元按照功能划分可以分为传入神经元、中间神经元和传出神经元。神经元的构成如下页图1-7-2所示。

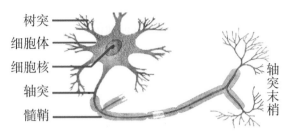

图1-7-2 神经元的构成

（一）中枢神经系统

脑是中枢神经系统的高级部位，脊髓是中枢神经系统的低级部位。

1.脑

脑位于颅腔内，由大脑、小脑、间脑、脑干组成。脑的结构如图1-7-3所示。

1）大脑

大脑是中枢神经系统中最复杂、最高级的部位，可以进行思维活动。大脑分左右两个半球。大脑的左半球主要负责逻辑理解、记忆、语言、分析等，思维方式具有连续性、延续性和分析性，因此，大脑的左半球可以称作"学术脑"。大脑的右半球主要负责空间形象记忆、视知觉、想象等，思维方式具有无序性、跳跃性、直觉性等，因此，大脑的右半球可以称作"艺术脑"。

大脑表面的物质称为灰质，又称为大脑皮质，是神经元高度集中的部位，与人体感觉中枢、运动中枢、视觉中枢、语言中枢等功能存在定位关系。脑的功能区如图1-7-4所示。

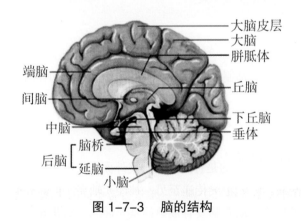

图1-7-3 脑的结构   图1-7-4 脑的功能区

2）小脑

小脑是机体运动的重要调节中枢，有维持身体平衡、调节躯体运动、协调肌肉运动的功能。幼儿开始行走时会出现走路不稳、四肢不协调等情况，就是由于小脑发育不完善。

3）间脑

间脑位于中脑之上，由丘脑和下丘脑两部分组成，是感觉、运动、情绪、注意力的整合中枢。

4）脑干

脑干位于大脑下方，由中脑、脑桥和延脑（髓）三部分组成，承担着维持个体生命的生理功能，如心跳、呼吸、消化、睡眠等。

2. 脊髓

脊髓是中枢神经系统的低级部位，主要功能是反射和传导。脊髓损伤时，可能会引起排尿障碍、体温调节功能异常、下肢瘫痪等情况。

（二）周围神经系统

周围神经系统包括脑神经、脊神经和自主神经。脑神经主要分布在头面部，接收外界的信息，支配头部运动，使人产生感觉和表情。脊神经分布于躯干和四肢，支配躯干和四肢的运动和感受刺激。

自主神经分为交感神经和副交感神经。自主神经分布于内脏、血管和腺体，主要功能是调节身体的心率、消化、呼吸速率、新陈代谢等。

幼儿的周围神经系统发育不完善，内脏器官的功能活动不稳定。

拓展阅读

反射

反射是指在中枢神经系统的参与下，机体对外界各种刺激发生的反应，反射是通过反射弧进行的，反射的种类和特点具体如下：

非条件反射的反射弧固定有几条，它是由大脑皮质下的低级神经中枢完成的，机体可把这种反射遗传给后代，比如新生儿会吸吮、眨眼、膝跳反射等。

条件反射的反射弧形式多样，条件反射的形成需要大脑皮质的参与，通过训练和学习完成，是一种高级的神经活动，比如听到喂食铃声的狗狗会分泌唾液。

幼儿神经系统的主要特点如下：

（1）容易兴奋和疲劳。幼儿大脑皮层发育不完善，抑制过程不完善，容易兴奋且持续时间较短。年龄越小，该特点越明显。

（2）脑细胞耗氧量较大。幼儿脑的耗氧量占全身耗氧量的1/2，成人脑的耗氧量占全身耗氧量的1/4。

（3）神经纤维的髓鞘化未完成。神经纤维的髓鞘化指的是神经细胞轴突外面生长出一层膜，好像电线的外皮，其作用是绝缘，防止神经电冲动从神经元轴突传递至另一神经元轴突。神经纤维的髓鞘化使得幼儿的动作更为精准。神经纤维的髓鞘化是幼儿脑发育成熟的重要标志，幼儿6岁左右完成神经纤维的髓鞘化。

（4）葡萄糖是神经系统唯一的能量来源。幼儿相对于成人来说，葡萄糖的消耗过度、能量摄入不足等均容易造成低血糖。

二、幼儿神经系统的保育要点

（1）开展适宜的活动，刺激幼儿神经系统的发育。可以开展一些专门的音乐活动、建构活动等来激发幼儿大脑的潜能。

（2）安排合理的生活制度，保证幼儿充足的睡眠。让幼儿的大脑皮质在兴奋和抑制的过程中交替进行，得到充分休息。

（3）保证合理的营养。科学膳食是幼儿神经系统健康发展的物质基础。

案例分析

　　朵朵妈妈发现朵朵总喜欢用左手吃饭或者拿东西，觉得很着急，不想让孩子成为"左撇子"。朵朵妈妈与老师交流此事，老师告诉她最好让孩子练习"左右开弓"，这样对大脑发育有好处。

　　老师的建议正确吗？为什么？

课堂小活动

请根据大脑模型或者图片，说一说神经系统的构成。

任务8　幼儿泌尿系统

● 案例导入 ●

　　红红刚上幼儿园，很少喝水也很少去厕所，老师问她为什么不喜欢喝水，她说自己害怕去卫生间并担心卫生间的水把她冲走了。原来她总是在憋尿。老师带着她来到卫生间，打开阀门，让她观察蹲坑里的水流动，耐心地告诉她："这水是不会冲走你的。"慢慢地，红红在幼儿园正常小便了。

　　红红饮水少、常憋尿的习惯正常吗？为什么呢？该如何解决呢？

一、幼儿泌尿系统的组成及功能

　　泌尿系统由肾脏、输尿管、膀胱和尿道组成。人体内绝大部分代谢产物主要通过泌尿系统排出体外，如尿素、尿酸、无机盐等。泌尿系统还可以调节体内水和无机盐的含量，维持组织细胞的正常生理功能。泌尿系统的构成如图1-8-1所示。

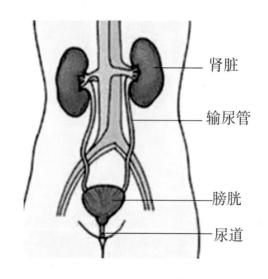

肾脏

输尿管

膀胱

尿道

图1-8-1　泌尿系统的构成

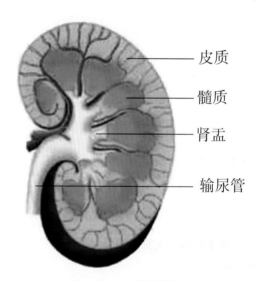

皮质

髓质

肾盂

输尿管

图1-8-2　肾脏的构成

（一）肾脏

　　肾脏是人体的重要器官，外形似蚕豆。人一般有两个肾，分别位于腹腔后壁、腰部的左右两侧。肾单位是组成肾脏最基本的单位，肾单位包括肾小体和肾小管。肾脏的主要功能是生成尿液，以尿的形式排泄出各种代谢产物。肾脏的构成如图1-8-2所示。

（二）输尿管

输尿管是一对扁平细长的肌性管道，上连肾盂，下端开口在膀胱。输尿管的主要功能是把尿液源源不断地运输到膀胱。

（三）膀胱

膀胱是暂时储存尿液的囊状肌性器官，伸缩性很强。一般正常成人储尿量为350~500毫升，新生儿储尿量约为成人的1/10。

（四）尿道

尿道是从膀胱通向体外的管道，起于膀胱，止于尿道外口。男性尿道长约20厘米，女性尿道长约3厘米。女性由于尿道较短，容易受到感染。

幼儿泌尿系统的主要特点如下：

（1）幼儿肾脏的调节机制不够成熟，易出现不适。

（2）幼儿输尿管长而弯曲，管壁肌肉弹力纤维发育较差，容易因尿流不畅造成尿潴留及尿道感染。

（3）幼儿膀胱肌肉层较薄，弹性组织发育不完善，储尿功能和控尿能力均较差，排尿次数多，常有遗尿。幼儿1岁时每天排尿15次左右，2~3岁时每天10次左右，4~7岁时每天6次左右。

（4）女孩尿道较短，新生女婴尿道仅长1厘米，黏膜薄嫩，外口显露且接近肛门，更易感染。男孩须注意包茎藏垢引起的感染。

二、幼儿泌尿系统的保育要点

（1）保证幼儿饮水量充足，有利于代谢废物的排出，对输尿管、膀胱、尿道起着冲刷和清洁作用，可以减少上行感染。

（2）培养幼儿形成良好的排尿习惯。不憋尿，以免影响储尿功能。

（3）防止幼儿会阴感染。幼儿清洁物品专人专用，掌握正确擦屁股的方法。

（4）注意观察幼儿尿液的颜色和气味，如有异常及时就医。

拓展阅读

婴幼儿泌尿系统感染症状

新生儿临床症状多以全身症状为主，面色苍白、吃奶差、呕吐、腹泻、黄疸等，新生儿泌尿系统感染常伴有败血症。

婴儿常以发热最突出。伴随着拒食、呕吐、腹泻等现象。3月以上婴儿可出现尿频、排尿困难、血尿、脓血尿、尿液混浊等。细心观察可发现婴儿排尿时哭闹不安、尿布有臭味和顽固性尿布疹等。

幼儿以发热、寒战、腹痛等全身症状最为突出，常伴有腰痛和肾区叩击痛等。同时，患儿可出现尿频、尿急、尿痛、尿液浑浊等，甚至偶见血尿。

壮壮最近上厕所的时间总是很长，老师去看了几次，也没什么异样，只是觉得壮壮眉头紧皱，但是又没大便。老师问他，他说不敢小便，疼。老师意识到壮壮可能生病了，随即告诉了他的家长。

　　壮壮可能患了哪方面的疾病？

观看视频，与同学们交流幼儿泌尿系统的保育要点。

任务9　幼儿生殖系统

● 案例导入 ●

　　3岁的宝宝身高一直低于正常幼儿，妈妈很着急，花重金购买了大量的保健品给宝宝吃，也不见效果。去医院检查时，医生告诉她孩子的生殖系统有发育的趋势。妈妈大吃一惊，医生说宝宝个子没什么变化，保健品却把宝宝"催熟"了。妈妈很懊悔。

　　妈妈的做法对吗？为什么？

一、幼儿生殖系统的组成及功能

（一）男性生殖系统

男性生殖系统主要有睾丸、附睾、输精管、前列腺、精囊等，外生殖器有阴囊和阴茎等。睾丸分泌雄性激素产生精子，是男性主要的性器官。

1.睾丸

睾丸具有生精、合成雄性激素等功能。胎儿期（8~10周）开始发育，位于腹腔之中。因此，绝大部分男性在出生时生殖系统外观就已经呈现正常状态。但是由于早产等原因，大约有3%婴儿的睾丸并未降至阴囊，一般出生后3个月内会完成这一过程。男性在10~17岁进入青春期，睾丸开始增大，开始产生精子，大约14岁出现遗精现象。

2.阴茎和阴囊

男性阴茎在1岁前发育迅速，1~10岁几乎处于静止状态，没有变化。此阶段需关注幼儿是否存在包皮过长或包茎等现象，严重时会影响发育。幼儿阴囊呈暗褐色，两侧睾丸基本对称。如果两侧睾丸大小差异明显，可能存在小儿疝气、隐睾等疾病。

（二）女性生殖系统

女性内生殖系统主要有阴道、子宫、输卵管和卵巢等，外生殖器又称外阴，包括大阴唇、小阴唇、尿道口等。

1.卵巢

卵巢是女性重要的性器官，分布在子宫左右两侧，主要功能是孕育卵泡，分泌雌性激素。新生儿的卵巢质地均匀一致，体积小于0.7立方厘米，有原始卵泡大约200万个，随着年龄的增长绝大部分卵泡逐渐消失。女性卵巢在8~10岁时呈现直线上升式发育，可以排出卵子，分泌雌性激素。

2.阴道

幼儿时期，阴道管腔狭小，黏膜薄嫩，分泌物呈中性或碱性。青春期后，阴道开始快速发育，分泌物增多，由碱性转变为酸性，可以抑制细菌生长，减少疾病的发生。

> 判断：女性生殖系统在出生后才开始生长发育，直到青春期。　　　　　　　（　　）

二、幼儿生殖系统的保育要点

（1）对幼儿进行科学系统的性别教育，帮助他们形成正确的自我性别认识。

（2）避免幼儿性早熟。性早熟会让他们的骨骺过早闭合，影响未来的身高。

（3）不盲目给幼儿喂食营养品，合理地补充营养。

（4）培养幼儿良好的卫生习惯。每天及时清洗会阴部。

拓展阅读

"催熟"食物知多少

众所周知，性早熟会使孩子的骨骼过早闭合，会让身高停止发育，不仅如此，性激素的异常分泌还可能诱发身体出现肿瘤等健康隐患。那么怎样饮食才能避免这一现象？下列食物需避免摄入。

（1）激素类食品：蜂王浆、荔枝干、人参、蝉蛹、冬虫夏草、桂圆干、燕窝、鱼子蟹黄、各种口服液等。这些食物富含各种激素，过量食用会改变孩子内分泌的环境。

（2）速成的禽类、鱼类：速成鸡、鸭、鸽子、鱼等食物从出生到餐桌周期很短，催熟剂发挥了重要作用。其残余激素主要集中在禽类头颈部分。

（3）反季的瓜果蔬菜：这类食物一般颜色鲜艳，外形饱满，十分诱人，主要是因为在培育过程中添加了化学药剂、喷洒大量农药。

（4）高温油炸类食品：这类食物热量过高会诱发肥胖造成内分泌紊乱。

有一天，4岁的萱萱神秘地问妈妈："为什么我和男孩子不一样？"妈妈意识到女儿已经有了自己的观察与发现，要对她进行性别的启蒙教育了。但是这个问题如此敏感，她只好说："妈妈把你从路边捡回家的时候就发现你和男孩子不一样了。""谁把我丢在路边了？"萱萱继续问。妈妈一时语塞。

应该如何向幼儿解答此类问题？

请找找有关幼儿生殖系统的绘本并与同学进行交流。

任务 10 感觉器官

● 案例导入 ●

幼儿园保育主任最近发现了保育新趋势，就是很多小朋友的视力下降了，有的甚至是近视。一般来说，现在的家长更注重科学育儿，为什么孩子的视力还会比以前差呢？她向家长提出自己的困惑："难道是大家忽视了孩子的视力问题？"家长们都否定了保育主任的说法。

如何看待这一现象？

一、感觉器官的组成及功能

（一）眼

眼是由眼球和附属部分构成的，眼球是眼的主要部分，附属物包括眼睑、眼眶、泪器和结膜等。眼球壁从外到内的三层结构依次为外膜、中膜和内膜。外膜前面部分是角膜；后面部分是瓷白色不透明的巩膜，俗称"眼白"。眼的结构如图 1-10-1 所示。

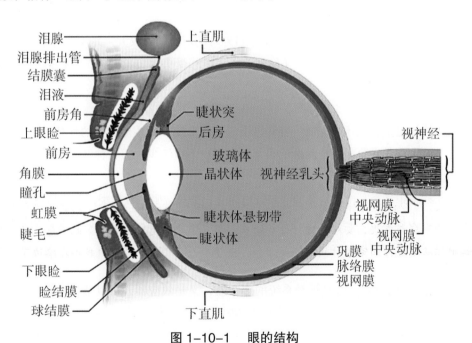

图 1-10-1 眼的结构

幼儿眼的主要特点如下：

（1）生理性远视。幼儿出生时，由于他们眼球的前后轴较短，晶状体较扁，物体成像会落在视网膜后面，幼儿可能出现生理性远视，5 岁左右逐渐成为正视。

（2）晶状体弹性好。幼儿眼的晶状体弹性较大，调节范围广，即使把物品放到距离很近的地方，他们也可以看得很清楚，久而久之，容易发生调节性近视，也就是假性近视。

（二）耳

耳是听觉器官。耳由外耳、中耳和内耳三部分组成，外耳和中耳主要功能是收集声波和传导声波。耳的结构如图1-10-2所示。

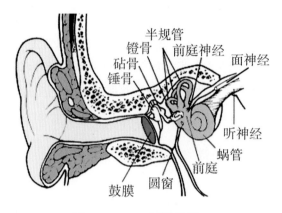

图1-10-2 耳的结构

外耳包括外耳道和耳郭。外耳道是外界声波传入中耳的通道，平均长度为2.5厘米。耳郭主要作用是聚焦声波。

中耳由鼓膜、鼓室和听小骨组成，可以把来自外耳的声波的力放大，并输入内耳。

内耳由半规管、前庭、耳蜗构成，又称为迷路，能感受头部位置变化，传输信号至神经中枢并通过反射来维持机体平衡。

幼儿耳的主要特点如下：

（1）幼儿外耳道壁骨化还未完成，容易感染。一般来说，10岁时，人的外耳道壁骨化才完成；12岁时，人的听觉器官才发育完全。由于幼儿外耳道皮下组织少，感觉神经末梢丰富，容易冻伤和感染。

（2）幼儿易患中耳炎。由于幼儿的咽鼓管短而直，如鼻、咽、喉发炎，很容易诱发中耳炎。

（3）幼儿听力敏锐。当声音到达60分贝时，幼儿会表现出明显的烦躁不安，如果长期处在这样的环境中，容易损伤听力。

（三）皮肤

皮肤是人体最大的器官，既是神经系统的感觉器，又是效应器，可以感知冷觉、热觉、痛觉、触压觉等。人体足底皮肤最厚，可达4毫米；人体眼部皮肤最薄，不到1毫米。

皮肤分为表皮、真皮和皮下组织，还有毛发、汗腺、皮脂腺、指（趾）甲等附属物。皮肤的结构如图1-10-3所示。

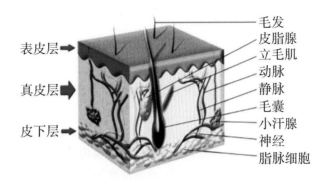

图 1-10-3　皮肤的结构

表皮的最外层是角质层，它是人体的第一道防线，防止体液外渗和危险物质入侵。

真皮由致密的结缔组织构成，决定皮肤的弹性和张力，含有丰富的血管、淋巴管和神经。

皮下层的皮下脂肪对维持体温、缓解外界冲击起很大作用，同时也可以供给机体能量。除此之外，皮下层还含有丰富的血管、淋巴管、神经、汗腺、皮脂腺和毛囊。

皮肤附属物主要有皮脂腺、汗腺、毛发、指甲等。

皮肤的主要功能有：

（1）保护机体。皮肤结构坚韧，富有弹性，有一定的抵御作用，可以缓冲撞、挤、压等力量的冲击。

（2）分泌和排泄。皮肤通过皮脂腺可以分泌皮脂，在保护皮肤的同时排出毒素。

（3）调节维持体温。天热时，皮肤主要通过汗腺等排放汗液调节体温。

幼儿皮肤的主要特点如下：

（1）保护功能较差。幼儿皮肤薄嫩，胶原纤维少，渗透性强，虽然看起来红润、光滑，但是皮肤角质层较薄，屏障保护功能比较差，容易造成感染的情况，如长疖生疮等。

（2）调节体温的能力差。幼儿皮下脂肪薄，温度过低，容易生冻疮；温度过高，容易中暑。

（3）渗透性强。幼儿皮肤薄嫩，有害物质容易通过皮肤吸收，导致中毒。

判断：皮肤的附属物有皮脂腺、汗腺、毛发、指甲和真皮等。　　　　　　（　　　）

二、感觉器官的保育要点

（1）培养幼儿良好的用眼习惯。不要近距离看书、写字、看电视，6 岁以下的幼儿最多连续用眼 20 分钟，6 岁以上的儿童连续用眼 30 分钟，就要远望 3~5 米外的景色 1~3 分钟。

（2）注意科学采光。提醒幼儿不要在强光或者弱光下用眼，光线最好从左上方射入，以免产生阴影。

（3）定期检查幼儿的视力，一旦发现近视、弱视、斜视要及时干预，越早越好。

（4）切断眼部传染病的传播途径。如急性结膜炎等，要把婴幼儿的毛巾、手绢要专用，不要用手揉眼睛，以免感染等。

（5）不要用锐器挖耳。耵聍，俗称耳垢，具有保护耳的作用，积累到一定程度会自行脱落，如果发生堵塞无法取出，请及时就医，切勿自行挖取。

（6）尽量给幼儿选用婴幼儿专用的洗浴用品，保护幼儿皮肤表面的皮脂膜。

拓展阅读

幼儿园紫外线消毒的注意事项

幼儿园常用的消毒灯一般是紫外线消毒灯，使用不当可能对幼儿的皮肤、眼睛造成损伤。

幼儿的皮肤如果较长时间处于紫外线消毒灯的直接照射下，可能会灼伤裸露皮肤，使裸露的皮肤出现红肿、疼痛、瘙痒等症状。如果经常长时间处于紫外线消毒灯下，还会诱发皮肤癌变。

若经常长时间凝视紫外线消毒灯，还可能导致幼儿患白内障。

由于紫外线消毒灯有一定的波长和照射范围，幼儿园在没有幼儿的情况下使用紫外线。在使用完后，应该及时开窗通风30分钟以上，降低紫外线消毒灯带来的伤害。

每年夏季，幼儿容易长痱子，如果你是照护者，如何避免此类问题？

学习七步洗手法，并展示如何用七步洗手法清洁双手。

项目二　幼儿生长发育规律与评价

活动导读

　　幼儿在成长的每个阶段,要用正确的方法对他们的生长发育进行评价。作为未来的幼教从业者,你知道如何评价他们的身体发展状态吗?

　　学习本单元要了解幼儿生长发育的规律以及影响他们生长发育的因素,对头围、胸围、身高、体重等指标进行实操。

学习目标

　　1.了解幼儿生长发育的一般规律,理解影响幼儿生长发育的先天因素和后天因素。

　　2.了解幼儿生长发育的评价指标,初步掌握形态指标的测量方法,能对幼儿的生长发育做出的准确评价。

　　3.了解形态指标测量对幼儿生长发育的指导性意义。

　　4.操作中动作要轻柔,测量方法正确。

任务1　幼儿生长发育规律

● 案例导入 ●

朵朵出生时，连头都不会抬，1岁的朵朵今天突然学会走路了，全家人都高兴坏了。朵朵妈妈不禁感到好奇：昨天还在地上爬呢，怎么今天突然就会自己走路了？

你该如何解开朵朵妈妈的疑惑？

一、生长发育的概念

生长发育指的是人体从受精卵到成人的成熟过程，是一个连续的生物过程。与成人相比，生长和发育是幼儿身心发展中的重要特点。

生长是指细胞的繁殖、增大和细胞间质的增加。整体表现为各种组织、器官及人体体格增大、重量的增加，以及体内化学成分的变化。这是机体在量的方面的发展。幼儿期的生长是非常明显的，身体各方面均具有显著的变化。

发育是指人体的生理功能不断的分化和完善，以及体力、智力和心理的发展，是机体在质的方面的变化。幼儿期的发育十分迅速且显著。

生长和发育两者紧密相关，生长是发育的物质基础，而发育成熟又反映在生长方面的量的变化。监测幼儿的生长发育，对幼儿的健康成长具有重要意义。

二、幼儿生长发育的规律

1.幼儿生长发育的连续性

幼儿期的生长发育是一个机体由量变到质变的复杂、统一、完整且连续的动态过程。

2.幼儿生长发育的阶段性

机体在0~6岁分胎儿期、新生儿期、婴儿期、幼儿期四个生长发育阶段。每个阶段都有其独有的特点，且在各阶段间呈有规律的交替和衔接。前一个阶段会为后一个阶段打下必要的基础。如果某一个阶段的生长发育受阻，势必会影响下一个阶段的生长发育。例如，婴儿3个月左右会翻身，6个月左右会坐，9个月左右会爬，10个月左右会站，1岁左右会走，婴儿必须先会站立才能学会行走。

3.幼儿生长发育的程序性

幼儿身体各部分的生长发育有一定的程序性，需遵循由上到下、由近到远、由粗到细、由简单到复杂和由低级到高级的发展过程。幼儿生长发育的程序性如图2-1-1所示。

由上到下	头部先发育，再到躯干，最后是四肢。即先抬头、转头，然后会翻身、坐直，最后会站立和行走
由近到远	先会抬手臂，再会动手腕和手指
由粗到细	先会手掌抓握，再会手指拾取
由简单到复杂	先会画直线，再会画曲线和图形
由低级到高级	先会感知事物，再有记忆、思维和判断能力

图 2-1-1 婴幼儿生长发育的程序性

4. 幼儿生长发育的不均衡性

幼儿生长发育的速度快慢交替，具有不均衡性，生长发育速度曲线呈波浪式。幼儿生长发育的不均衡性主要体现在生长速度的不均衡性和各系统发育的不均衡性两个方面。

（1）生长速度的不均衡性

在人体生长发育过程中，身体各部分发育的比例是不同的。胎儿期头部约占身长的1/2，成年后，头部约占身长的1/8。人体从出生至成熟的整个生长发育过程中，头部增大了1倍，躯干增长了2倍，上肢增长了3倍，下肢增长了4倍。

（2）各系统发育的不均衡性

神经系统发育最早，新生儿神经细胞数目已与成人接近，其大脑脑重已达成人大脑脑重的25%左右；淋巴系统发育较早，青春期前（10岁左右）达到高峰，后逐渐下降至成人水平；生殖系统发育较晚，青春期开始迅速生长发育，很快达到成人水平；运动、呼吸、消化、循环和泌尿等系统的生长发育大致与整体生长平行。

从胎儿发育为成人，机体先后会经历两次生长发育突增期，分别是胎儿中期到2岁前和青春期，这两次生长发育突增期见表2-1-1。

表 2-1-1 人体生长发育突增期及其表现

第一次生长发育突增期	胎儿中期至2岁前	胎儿中期	出生前身长增长最快（约27.5厘米）
		胎儿后期	出生前体重增长最快（约2.3千克）
		0~2岁前	出生前身长、体重增长最快（身长可增长20~25厘米，体重可增长6~7千克）
第二次生长发育突增期	青春期		身高每年增长5~7厘米 体重每年增长4~5千克

5. 生长发育的相互关联性

幼儿各系统的生长发育虽然不均衡，但是相互协调、相互影响、相互适应，这是人类在长期生存和发展中的适应性表现。

人体本身就是一个各系统彼此密切关联发育的、完整的统一体。例如，幼儿参加适当的体育锻炼，不仅能促进其运动系统的发育，还有利于其神经、循环和呼吸等系统的发育，从而提高幼儿整体的健康水平。

幼儿生长发育的相互关联性还突出表现在生理发育与心理发育的密切联系上。生理发育是心理发育的物质基础，心理发育又直接影响着生理的机能。例如，生理有缺陷或体弱多病的幼儿，容易产生自卑和胆怯等心理障碍，而这些心理障碍会导致其更不愿意参加集体活动；而有心理障碍的幼儿，其生理功能也会受到影响，有些智力发育延迟、有些运动功能低下、有些消化吸收功能差等。

6. 生长发育的个体差异性

幼儿的生长发育虽按一定的总规律发展，但每个人生长的"轨道"不会完全相同，存在着明显的个体差异。这种个体差异与遗传、环境等先天和后天的多种因素有关，既体现在高矮、胖瘦等身体形态上，也体现在智力、语言等机体功能上，即使同卵双生子也会存在差别。因此没有生长发育水平和过程完全一致的幼儿。

技能高考

1. 人的生长发育速度曲线不是随年龄呈直线上升，而是（　　）上升。

A. 斜线式　　　　　　B. 弯曲式　　　　　　C. 波动式　　　　　　D. 跨越式

2. 两次人体生长发育突增期分别是（　　）和青春期。

A. 婴儿期　　　　B. 胎儿中期至 1 岁　　　　C. 幼儿前期　　　　D. 幼儿期

3. 判断：人体各系统的发育具有不均衡性，其中淋巴系统发育最早。（　　　）

案例分析

　　佳佳的妈妈非常细心，会仔细记录佳佳每半年的身高、体重的变化。慢慢地，她发现佳佳的生长发育的速度忽快忽慢，她感到疑惑不解。

　　你的看法是怎样的？幼儿生长发育的规律是怎样的？

课堂小活动

　　请搜集幼儿生长发育的案例，运用生长发育的规律进行分析。

任务2　幼儿生长发育的影响因素

● 案例导入 ●

新学期开学，李老师给小二班新入园的小朋友测量身高体重。班上的浩浩长得高高大大，十分壮实；轩轩长得瘦瘦的，个子略矮。经测量，浩浩身高105厘米，体重17千克；轩轩身高94厘米，体重13.5千克。据双方家长反映：浩浩平日里胃口很好，喜欢踢足球，骑自行车，运动能力较强；轩轩挑食，不爱吃肉，平日里对画画和积木感兴趣。

你从浩浩和轩轩的"差异"中发现了什么？

一、影响幼儿生长发育的因素

（一）先天因素

1. 遗传

遗传是指子代和亲代之间在形态结构和生理功能上的相似。在生长发育过程中，遗传基因决定了各种遗传性状，因此，遗传是影响幼儿生长发育的最基本的因素。遗传信息影响皮肤、头发颜色、面部特征、身材高矮等诸多方面。例如，父母高，其子女也较高；父母矮，其子女也较矮。

2. 性别

性别对幼儿生长发育也有影响，男孩、女孩生长发育各有其规律和特点，如女孩的语言、运动发育略早于男孩，因此评估幼儿生长发育时应分别按男孩、女孩标准进行。

（二）后天因素

1. 生活因素

（1）营养

营养是生长发育最主要的物质基础，从胎儿期开始，营养就影响着机体各系统的生长发育。充足合理的饮食结构能为幼儿的生长发育提供所需的营养素，如蛋白质、脂肪、无机盐、维生素、水等，对幼儿大脑、体格和形态的发育产生直接影响。例如，营养不良的幼儿，身高和体重都可能不会正常发育，甚至会直接引发生长发育障碍，导致终生不可逆转的影响。

（2）体育锻炼

体育锻炼可直接影响幼儿的生长发育。锻炼可以促进人体的新陈代谢，增强心肺功能，促进消化吸收，使幼儿身体各器官、系统的发育达到最高水平。合理的体育锻炼可以促进机体骨骼钙化，增强骨骼和肌肉的力量，还能有效预防疾病，提高身体素质和自身的免疫力。

（3）生活作息

合理的生活作息能使幼儿的生活快慢有序、动静交替，有利于培养幼儿良好的生活习惯，也有利于幼儿身体各部位得到合理的交替活动和休息。

（4）疾病与药物

疾病与药物对幼儿的生长发育有极大影响。一些疾病会影响器官的正常功能，例如胃肠道疾病可以干扰正常的消化吸收功能，使发育中的身体缺乏足够的能量供应；佝偻病、甲亢等营养失调性疾病和内分泌疾病，都能使幼儿的生长发育受到限制。

幼儿用药必须谨遵医嘱，不能随意增减用药量。幼儿用药不当可能会导致幼儿消化系统不适、肾脏损害等情况。妊娠期和哺乳期母体用药不当，也会对胎儿和婴儿的生长发育产生危害。

2. 环境因素

外部的环境因素决定了幼儿生长发育的现实性。对幼儿生长发育影响较大的环境因素主要有季节、气候和污染等。

（1）季节

幼儿的生长发育状况与季节有着一定的联系，身高和体重的变化也与季节有关。一般来说，春季时，幼儿的身高增长较快；秋季时，幼儿的体重增长较快。同时，由于幼儿抵抗力差，季节更替时，温差过大容易导致生病，从而影响正常的生长发育。

（2）气候

研究表明，地理气候对幼儿的生长发育有着长期的、不易克服和控制的影响，如北方人大多身材高大，而南方人大多体型纤瘦。

（3）污染

近年来，环境污染已经严重影响了人类的生活，危害了人类的生命健康，对幼儿生长发育的影响也日渐显著。大气、土壤、水和室内的有害物质及噪声都会对幼儿的生长发育产生不良影响，如大气污染会减弱紫外线的辐射，影响幼儿体内维生素 D 的合成，使幼儿佝偻病的发病率增高。

此外，随着科技的进步，电子产品在生活中日益普及。手机、电脑、游戏机等电子产品产生的电磁污染在一定程度上也影响着幼儿的生长发育。

拓展阅读

铅中毒

铅及其化合物均有毒性，除金属铅外，铅的化合物还有很多，如一氧化铅、四氧化三铅、二氧化铅等。铅是一种具有多系统毒性的重金属元素，对于正处生长发育期的幼儿尤为敏感。幼儿铅中毒可能会损伤内脏和器官，影响智力发展，铅中毒严重者可导致死亡。

婴幼儿铅中毒大多经消化道及呼吸道摄入引起，常见原因有：①母婴传递。常因舔食母亲面部含有铅质的粉类，吮吸涂拭于母亲乳头的含铅软膏以及患铅中毒母亲的乳汁所致。②不良习惯。可因啃食床架、玩具等含铅的漆层而致中毒。③饮食摄入。食入含铅器皿内烹饪或存放的酸性食物；饮、食被铅污染的水和食物等；误服过量含铅的药物，也可引起急性中毒。④生活环境。吸入含铅的气体，长期在含铅的环境中生活皆可引起铅中毒。

铅排出体外主要由以下三种途径。

（1）经肾脏随尿液排出体外。

（2）经胆汁分泌，排入肠腔，最终随粪便排出体外。

（3）随着头发、指甲和牙齿等的脱落而排出体外。

积极开展铅中毒健康教育工作、减少铅对环境的污染、避免接触铅源、合理膳食、定期筛查等是预防婴幼儿铅中毒的主要措施。

3. 社会因素

（1）家庭

家庭在幼儿生长发育过程中起着不可替代的重要作用。父母文化水平、居住环境、经济条件、育儿方法、教养观念、生活方式等，都会影响幼儿正常的生长发育。

（2）社会综合因素

社会中的各种因素，如社会变革（战争）、文化教育、卫生医疗、自然灾害（地震、海啸、山洪、泥石流等）、经济、媒体、人际关系等，均会对幼儿的生长发育造成影响。

幼儿是一个脆弱的群体，成人需要细心、耐心以及充满责任心地对待幼儿，排除各种影响幼儿生长发育的不良因素，促进幼儿健康成长。

技能高考

1. （　　）是影响幼儿生长发育的最基本因素。

　　A. 性别　　　　　　　　B. 营养　　　　　　　　C. 遗传　　　　　　　　D. 教育

2. 通常，_____季幼儿身高增长最快，_____季幼儿体重增长最快。（　　）

　　A. 春夏　　　　　　　　B. 秋冬　　　　　　　　C. 夏秋　　　　　　　　D. 春秋

案例分析

5岁紫萱的身高低于平均值，每次去医院做常规检查的时候，妈妈总是很着急，妈妈说："我和她爸爸都不矮，属于中等身高，为什么孩子个子长不高呢？是不是营养不全面？"医生说："长不高有很多因素，遗传和营养只是部分原因。"

请向紫萱妈妈讲解影响幼儿生长发育的因素有哪些。

课堂小活动

请搜集一些真实案例，讲讲影响幼儿生长发育的因素有哪些。

任务 3　幼儿生长发育评价

喆喆 3 岁了，今天妈妈带他去做入园前的体检。经测量，喆喆身高 94 厘米，体重 24.5 千克，头围 48 厘米，胸围 52 厘米。

喆喆的生长发育状况是否正常？

一、幼儿生长发育评价指标

常用的评价幼儿生长发育的指标有形态指标、生理指标和心理指标。

（一）形态指标

形态指标是最常见的幼儿生长发育评价指标，指身体及其各部分在形态上可以测出的各种量度（如长、宽、围度及重量等）。最常用的形态指标为身高（身长）和体重。此外，代表长度的还有坐高、手长、足长、四肢长；代表宽度有肩宽、骨盆宽、胸廓横径等；代表围度的有头围、胸围，大小臂围、大小腿围等。形态指标能较为准确地评价幼儿生长发育的水平和速度。

幼儿生长发育的状况，一定程度反映在身高、体重、胸围、坐高等变化上，因此要定期检查，以了解幼儿生长发育是否正常。

1. 身高

身高是指直立位时，头顶至地面的垂直距离。由于婴儿站立不稳，经常采用仰卧位测量，婴儿的身高也被称为身长。身高可用于衡量骨骼的发育情况，表示全身生长的水平和速度。

身高有较大的个体差异，一般新生儿出生时身长平均为 50 厘米，生后第一年增长最快，前半年平均每月增长 2.5 厘米，后半年平均每月增长 1.5 厘米，全年共增长 25 厘米。1 岁时身高约为出生时身高的 1.5 倍，即 75 厘米；第二年身高增长速度减慢，平均增长 10 厘米，2 岁时身高约为 85 厘米；以后每年身高递增 5~7.5 厘米。

2~7 岁幼儿的平均身高可用以下公式估算：身高（厘米）＝年龄（岁）×7+70 厘米。

身高受遗传和生活条件的影响较大，受营养的短期影响不明显，但与长期营养状况有关。

2. 体重

体重是指人体各器官、组织和体液重量的总和，是最容易发生变化的一个指标。体重在一定程度上代表幼儿的骨骼、肌肉、皮下脂肪和内脏器官重量增长的综合情况，与身高相结合可以评价机体的营养状况和体型特点。体重是反映幼儿短期营养状况最常用的指标。

正常足月的新生儿出生时体重平均为 3 千克，在出生后头 3 个月体重增加最迅速，平均每月增加 800~1000 克，3 个月时的体重是出生时的 2 倍（约为 6 千克）；3~6 个月每月平均增加 500~600 克，6~9 个月平均每月增加 250~300 克，9~12 个月每月平均增加 200~250 克。1 岁时体重是出生时的 3 倍

（约为 9 千克）。

1 岁内婴儿的体重，可按以下公式估算：

1~6 个月：体重（千克）= 出生体重（千克）+ 月龄 ×0.7 千克

7~12 个月：体重（千克）= 6 千克 + 月龄 ×0.25 千克

2 岁时，幼儿体重是出生时的 4 倍，平均为 12 千克。此后平均每年增加 2 千克，因此，2~10 岁儿童的体重可按以下公式估算：

体重（千克）= 年龄 ×2 + 7（或 8）千克

定期测量体重可了解幼儿的生长发育状况和营养状况，并作为指导幼儿科学喂养及早期发现疾病的依据。新生儿应在出生后 8 小时内测出体重；1~6 个月，每月测一次；6~12 个月，每 2 个月测一次；1~2 岁，每 3 个月测一次；2 岁以上，每半年测一次。

3. 头围

头围是指经眉弓上方、枕后结节绕头一周的长度（即头颅的围长）。头围反映了颅骨和脑的大小及发育程度，也是判断大脑发育障碍的主要诊断依据。

因胎儿脑的发育在全身处于领先地位，故出生时的头围已达到成人头围的 65% 左右，10 岁时的头围则达到成人头围的 95% 以上。新生儿头围平均值为 34 厘米，6 个月时头围增加 9 厘米，到 1 岁时头围又增加 3 厘米，1 岁后头围的增长速度减慢。

技能高考

判断：新生儿的头围在第二年的生长速度加快。　　　　　　　（　　　）

4. 胸围

胸围是指人在平静呼吸时，经乳头点的胸部水平围长。胸围反映胸廓的容积以及胸部骨骼、胸肌、背肌和脂肪层的发育程度，是人体宽度和厚度最具代表性的指标，能在一定程度上说明身体形态及呼吸器官的发育状况，以及体育运动的效果。

新生儿胸围平均为 32 厘米，比头围小 1~2 厘米，幼儿的平均胸围在出生后的第一年增加 12 厘米，速度最快；第二年增加 3 厘米，以后每年约增加 1 厘米。1 岁左右胸围与头围大致相等，1 岁后胸围逐渐超过头围。若幼儿超过 1 岁半，胸围仍小于头围，则说明该幼儿生长发育不良。营养物质摄入不足、缺乏体育活动以及疾病造成的胸廓畸形均会影响胸围的增长。

5. 坐高

坐高是头顶到坐骨结节的长度（头、颈和躯干的总高度），可表示躯干的生长情况，与身高比较时可说明下肢与躯干的比例关系。

幼儿 1 岁后身高增加主要是下肢增长，坐高占身高的比例随年龄增长而降低。一般新生儿坐高占身高的比例为 66%，4 岁时坐高占身高的比例为 60%，10 岁坐高占身高的比例为 54%。当婴幼儿患克汀病、软骨发育不良时，坐高占身高百分比明显增长。坐高的发育情况受遗传因素的影响较大。

（二）生理功能指标

生理功能指标是指身体各系统、各器官在生理功能上可测出的各种量度。

生理功能是指人体在新陈代谢作用下各器官系统工作的能力，也就是指人体各器官系统发育是否良好、功能是否健全、运转是否自如等，这是衡量人体是否健康的重要标志。

幼儿的生理功能受生长发育和外界条件的影响，变化迅速，变化范围也大。了解生理功能指标有助于对幼儿生长发育状况进行全面评价。最常用的生理功能指标是肺活量、脉搏和血压。

拓展阅读

1. 心率与脉搏

心率是指心脏搏动的频率。脉搏是指动脉的搏动。正常情况下心率与脉搏是一致的，主要反映心脏与血管的功能。常用秒表或医用听诊器测量。幼儿年龄越小，每分钟的心率、脉搏次数就越多，且易加速。脉搏受年龄和性别的影响，婴儿平均 120~140 次／分，幼儿平均 90~120 次／分，成年人平均 70~80 次／分。

2. 血压

血压是指血液在血管流动时对血管壁形成的侧压力，是反映心血管功能的重要指标。常用立柱式水银血压计结合医用听诊器测量血压。血压容易受活动、情绪等外因的影响。儿童血压比成人低，一般年龄越小，血压越低。目前儿童血压正常值还没有统一的标准，一般认为 4 岁以上的儿童收缩压＝年龄 ×2+8（毫米汞柱），舒张压＝收缩压 ×2/3。高血压在幼儿中不多见。

3. 肺活量

肺活量是指受测者在深吸气后能够呼出的最大的空气量，反映呼吸机的力量和肺的容量及其发育状况。常用肺活量计测量肺活量。儿童肺活量正常值为 50~70 毫升／千克。肺功能的检测在儿童慢性支气管及肺部疾病（如哮喘）的诊断和疗效评估中起着重要的作用。

（三）心理指标

幼儿心理的正常发育与体格生长具有同等重要意义。心理指标包括智商、气质、行为、人格、心理卫生、适应性行为等方面。对于幼儿心理发展的研究，可以通过对幼儿在感觉、知觉、记忆、思维、想象、情感、意志、语言、能力和性格等方面的表现进行观察，然后针对幼儿的年龄特征制订心理卫生保健措施，以促进幼儿生长发育达到最佳水平。

二、幼儿形态指标的测量方法

1. 身高的测量

测量工具：机械身高测量仪、电子身高测量仪、量床。

测量方法：

（1）校正：使用前应先校对零点，并用钢尺校准身高测量仪刻度，每 10 厘米误差不得大于 0.1 厘米。同时，应检查立柱是否垂直，连接处是否紧密，有无晃动，零件有无松脱等情况，并及时纠正。

（2）测量：受测幼儿脱去鞋帽、外衣，背向立柱，赤足站在底板上。头部正直，两眼平视前方，耳屏上缘与眼眶下缘最低点呈水平位；胸部挺起，双臂自然下垂，手指并拢，脚跟靠拢，脚尖分开。两肩胛间、臀部、足跟三点紧靠垂直立柱。测量者向下滑动水平压板，轻触受测者头顶，双眼与压板呈水平位读取所指刻度，以厘米为单位，精确到小数点后1位。测量误差不得超过0.5厘米。

注意事项：

① 身高测量仪应选择平坦地面、靠墙放置。

② 水平压板与头部接触时，松紧要适度，头发蓬松者要压实。

技能高考

测量幼儿身高的正确姿势是要让其身体的_____靠在身高测量仪立柱上。（　　　）

A. 脚跟、腰部、后脑勺　　　　　　　　B. 小腿、臀部、后脑勺

C. 脚跟，臀部、肩胛间　　　　　　　　D. 小腿、腰部、肩胛间

2. 体重的测量

测量工具：电子体重秤。

测量方法：

（1）幼儿只穿短衣裤，赤足，自然站立在秤台中央，保持身体平稳。

（2）测量者记录读数，以千克为单位，精确到小数点后1位。测量误差不得超过0.1千克。

3岁以上的幼儿测量时可取站位，1~3岁的幼儿测量时可取坐位，1岁以下的婴儿测量时可取卧位。

注意事项：

① 测量最好在早晨、空腹、便后进行。测量前要求受测者排空大小便、不要大量喝水，也不要做剧烈运动。

② 体重秤应放置在平坦地面上。

③ 受测者应尽量减少着装。

④ 上、下秤台时，动作要轻缓。

3. 头围的测量

测量工具：长度为1.5米，宽度为1厘米，最小刻度为0.1厘米的软尺。

测量方法：

测量时，幼儿取立位、坐位或仰卧位。测量者立于受测者的前方或一侧，将软尺零点固定于幼儿头部一侧眉弓上缘，软尺紧贴头皮绕枕骨结节最高点及另一侧眉弓上缘回至零点。轻轻拉动软尺，使其在头的两侧保持水平，左右对称。读数以厘米为单位，精确到小数点后1位。测量误差不超过0.1厘米。

注意事项：

① 使用前必须经钢尺校对，每米误差不得超过0.2厘米。

② 测量时须脱帽，软尺要贴紧头皮，不可过紧或过松。

4.胸围的测量

测量工具：布尺、皮尺。

测量方法：让受测者裸露上身或只穿贴身内衣，自然站立，双肩放松，两臂自然下垂，两足分开与肩同宽，保持平静呼吸。测量者立于受测者的前方或右侧，将软尺置于受测者背部肩胛下角下缘，沿胸两侧在两乳头中心点处重合，在受测者呼气之后读取数值，以厘米为单位，精确到小数点后1位。测量误差不超过0.1厘米。

注意事项：

① 测量时要注意受测者姿势是否正确，发现有低头、耸肩、挺胸、驼背等状况，要及时纠正。

② 测量者应严格控制尺子的松紧度。软尺各处应轻轻接触受测者皮肤，对于皮下脂肪较厚的幼儿，软尺接触其皮肤时宜稍紧些。

③ 软尺在后背的位置要准确，如触摸不到肩胛下角，可让受测者扩胸，待触摸清楚后，应让其恢复正确测量姿势。

④ 如两侧肩胛下角高度不一致，以低侧为准。

5.坐高的测量

测量工具：坐高测量仪（身高坐高）、量床。

测量方法：测量时，受测者坐于坐高测量仪的座板上，使骶骨部、两肩胛间靠触立柱，躯干自然挺直，头部正直，两眼平视前方（保持耳屏的上缘与眼眶下缘呈水平位）；两臂自然下垂（双手不得撑压座板）；两腿并拢，双足平踏在地面上，大腿与地面平行并与小腿呈直角（根据受测者小腿长度，适当调节踏板高度以保持正确测量姿势）。测量者向下滑动水平压板至受测者头顶，两眼与压板呈水平位进行读数，以厘米为单位，精确到小数点后1位。测量误差不超过0.5厘米。

注意事项：

① 测量时，受测者应先弯腰使骶骨部紧靠立柱后再坐下，以保证测量姿势正确。

② 应为较矮的受测者选择高度适宜的踏板，避免测量时受测者的身体向前滑动。

课堂小活动

1+X 幼儿形体指标测量与评价实操

1.身高的测量与评价

【实训目标】

（1）知道测量身高的工具和使用方法。

（2）会使用机械身高测量仪为3岁以上幼儿测量身高。

【实训工具】

机械身高测量仪、签字笔、测量结果记录表。

【实训方法与步骤】

（1）观看录像。学生4~6人为一组，观看教师示范录像，认识身高测量仪，学习测量方法。

（2）互相测量。学生两人一组，按照测量身高的步骤和要求，互相测量对方的身高，在记录纸上记录测量结果。以厘米为单位，精确到小数点后1位，测量误差不得超过0.5厘米。

（3）模拟训练。学生分别扮演测量者和受测幼儿，根据设定的情境，进行测量身高的训练。测量者要通过指导语提示"受测幼儿"保持正确的测量姿势。

【指导语：请你解开发辫，取下头饰（针对女孩），脱掉鞋子；现在轻轻地站在底板上，两眼平视前方，不要仰头；胸部挺起，双臂自然下垂，手指并拢，两腿并拢，脚跟靠拢，脚尖稍稍分开，不要踮脚；两肩胛间、臀部、脚后跟都要靠在立柱上；好了，现在请你从底板上慢慢地下来，穿好鞋子。】

（4）延伸训练：为身边的幼儿量一量身高，结合《7岁以下儿童生长标准》进行评价，并记录。

【实训考核要求】

（1）提供实训过程的录像或照片，上交实训记录等。

（2）使用方法正确，轻拿轻放，工具使用完后及时整理复原。

（3）操作步骤完整、动作准确、测量误差小。

（4）语言标准、严谨、简洁、清晰。

（5）熟悉为幼儿测量身高的具体要求和考前须知。

（6）小组成员配合默契。

2. 体重的测量与评价

【实训目标】

（1）知道测量体重的工具和使用方法。

（2）会使用电子体重秤为3岁以上幼儿测量体重。

【实训工具】

电子体重秤、签字笔、测量结果记录表。

【实训方法与步骤】

（1）观看录像。学生4~6人为一组，观看教师示范录像，认识电子体重秤，学习测量方法。

（2）互相测量。学生两人一组，按照测量体重的步骤和要求，互相测量对方的体重，在记录纸上记录测量结果。以千克为单位，精确到小数点后1位，测量误差不得超过0.1千克。

（3）模拟训练。学生分别扮演测量者和受测幼儿，根据设定的情境，进行测量体重的训练。测量者要通过指导语提示"受测幼儿"保持正确的测量姿势。

【指导语：请你脱掉鞋子，轻轻地站上秤台，两眼向前看，两腿并拢，两臂自然下垂，身体不要晃动。好了，现在，请你从秤台上慢慢下来，穿好鞋子。】

（4）延伸训练：为身边的幼儿测量体重，结合《7岁以下儿童生长标准》进行评价，并记录。

【实训考核要求】

（1）提供实训过程的录像或照片，上交实训记录等。

（2）测量工具放置位置适当，使用方法正确，轻拿轻放，工具使用完后及时整理复原。

（3）操作步骤完整、动作准确、测量误差小。

（4）语言标准、严谨、简洁、清晰。

（5）熟悉为幼儿测量体重的具体要求和考前须知。

（6）小组成员配合默契。

3. 头围的测量与评价

【实训目标】

（1）知道测量头围的工具和使用方法。

（2）能使用软尺为幼儿测量头围。

【实训工具】

软尺（宽1厘米、最小刻度为0.1厘米）、签字笔、测量结果记录表。

【实训方法与步骤】

（1）观看录像。学生 4~6 人为一组，观看教师示范录像，学习用软尺测量头围的方法和步骤。

（2）互相测量。学生两人一组，按照测量头围的步骤和要求，互相测量对方的头围，在记录纸上记录测量结果。以厘米为单位，精确到小数点后 1 位。

（3）模拟训练。学生分别扮演测量者和受测幼儿，根据设定的情境，进行测量头围的训练。测量者要通过指导语提示"受测幼儿"保持正确的测量姿势。

【指导语：请你解开发辫，取下头饰（针对女孩），面向我站好，头不要晃动。】

（4）延伸训练：为身边的幼儿测量头围，结合《7 岁以下儿童生长标准》进行评价，并记录。

【实训考核要求】

（1）提供实训过程的录像或照片，上交实训记录等。

（2）使用方法正确，工具使用完后及时整理复原。

（3）操作步骤完整、动作准确、测量误差小。

（4）语言标准、严谨、简洁、清晰。

（5）熟悉为幼儿测量头围的具体要求和考前须知。

（6）小组成员配合默契。

4. 胸围的测量与评价

【实训目标】

（1）知道测量胸围的工具和使用方法。

（2）能使用软尺为幼儿测量胸围。

【实训工具】

软尺、签字笔、测量结果记录表。

【实训方法与步骤】

（1）观看录像。学生 4~6 人为一组，观看教师示范录像，学习用软尺测量胸围的方法和步骤。

（2）互相测量。学生两人一组，按照测量胸围的步骤和要求，互相测量对方的胸围，在记录表上记录测量结果。以厘米为单位，精确到小数点后 1 位。

（3）模拟训练。学生分别扮演测量者和受测幼儿，根据设定的情境，进行测量胸围的训练。测量者要通过指导语提示"受测幼儿"保持正确的测量姿势。

【指导语：请你脱去上衣，面向我站好，不要低头；两肩放松，不要耸肩；双臂自然下垂，不要挺胸、驼背；两脚分开与肩同宽，保持平静呼吸。现在，请你吸一口气，好，再慢慢呼气。好了，请把衣服穿上。】

（4）延伸训练：为身边的幼儿测量胸围，结合《7 岁以下儿童生长标准》进行评价，并记录。

【实训考核要求】

（1）提供实训过程的录像或照片，上交实训记录等。

（2）使用方法正确，工具使用完后及时整理复原。

（3）操作步骤完整、动作准确、测量误差小。

（4）语言标准、严谨、简洁、清晰。

（5）熟悉为幼儿测量胸围的具体要求和考前须知。

（6）小组成员配合默契。

项目三　幼儿营养膳食卫生保健

活动导读

　　营养素是幼儿生长发育的物质基础，随着人们生活水平的提高，可供幼儿选择的食物种类繁多。在现实生活中，幼儿营养的摄取缺乏科学的指导，存在一些问题，从而造成幼儿肥胖或营养不良等。本单元从营养卫生知识、技能、实践三个方面阐述了幼儿营养的基本知识、幼儿食谱编制、托育机构膳食管理等方面的内容。

　　幼儿正处在生长发育的旺盛阶段，每天必须从膳食中摄取足够的营养物质，才能满足机体正常生长发育、组织更新、生理活动的需要。食物的种类很多，不同食物中所含营养物质的种类和数量也不同，这就必须按幼儿的生理需要将食物进行合理调配，科学合理的膳食是促进幼儿健康成长的前提。

学习目标

1. 了解幼儿的膳食特点和饮食卫生要求。
2. 掌握幼儿膳食的配制原则，能独立为幼儿制定食谱。
3. 树立科学的营养观念，能帮助幼儿养成良好的饮食习惯。

任务 1 幼儿营养的基本知识

王婷是一名中职三年级的学生，学校安排她到幼儿园实习。实习期间，幼儿园让王婷调研中班幼儿的体重情况。下面是王婷调研的数据：

班级数量	幼儿数量	体重偏高	体重正常	体重偏轻
3	75	22	20	33

看到调研的数据，王婷有点想不明白，现在生活水平提高了，怎么还会有这么多体重偏轻的孩子呢？

幼儿处在生长发育的关键时期，每天必须从膳食中摄取足够的营养物质，才能满足机体发育并维持体内各种生理活动的需要。由于食物的种类很多，不同食物中所含营养物质的种类和数量不同，这就需要按幼儿的生理需要将食物进行合理调配。

一、营养与营养素

营养是指机体从外界环境摄取食物，经过消化吸收和代谢，用以供给能量，构成和修补身体组织，以及调节生理功能的整体过程，有时也用以表示食物中营养素含量的多少和质量的好坏。营养是幼儿生长发育和保持身心健康的物质基础。

营养素是指食物中给人体提供热量、构成机体成分、修复组织以及调节生理功能的物质。人体所必需的营养素有蛋白质、脂类、糖类、无机盐、维生素、水等。其中，蛋白质、脂类和糖类属于产热营养素，能够产生热量；而无机盐、维生素、水属于非产热营养素，不能产生热量。

二、幼儿所需热量

人体每时每刻都在消耗热量，这些热量主要由食物中的产热营养素（即蛋白质、脂类、糖类）提供，其中蛋白质和糖类在人体内产生的实际热量 16.8 千焦 / 千克，而脂类在人体内产生的实际热量为 37.8 千焦 / 千克。

在营养学中常用的能量单位是千卡。1 千卡是 1 千克水在一个标准大气压下升高 1℃所需要的热量。现在所有形式的能（包括热量）都应以"千焦"为单位。千卡与千焦之间的单位换算方法：1 千卡 =4.186 千焦或者 1 千焦 =0.239 千卡。

幼儿需要的热量主要包括以下五个方面。

（一）基础代谢

基础代谢所需热量是指人在清醒、安静、空腹的情况下，在适宜的气温（18~25℃）环境中，人体为维持各种器官的生理活动所需要的热量。这些热量的消耗主要用于维持体温、肌肉张力、呼吸、循环及腺体活动等最基本的生理机能。

基础代谢所需热量因人的性别、年龄、气候、体表面积（从身高和体重推算）及各种内分泌腺的功能状况而有所差异。例如，婴儿平均每日每千克体重需要热量 230 千焦；7 岁儿童平均每日每千克体重需要热量 184 千焦；12 岁儿童平均每日每千克体重需要热量 126 千焦。特别需要注意的是，在幼儿时期，人体基础代谢所需热量占总热量的 50% 左右，尤其是大脑的代谢约占总基础代谢的 1/3。

（二）各种活动

各种活动所需热量是人体热量消耗中最主要的一项支出，活动的强度和时间不同，所消耗的热量也不同。活泼好动的幼儿比不好动、不喜欢锻炼的幼儿消耗的热量要多得多。若热量供给不足，他们易感疲乏，逐渐变得不爱活动。

（三）食物的特殊动力作用

食物的特殊动力作用是指机体由于摄取食物而引起体内热量消耗增加的现象，其所需热量包括胃肠蠕动及人体消化吸收所需的热量。这部分热量的消耗与进食的总热量无关，而与食物的种类有关。各类营养素的消化吸收所消耗的热量不同，一般来说，蛋白质的消化吸收所消耗的热量约为其所产生热量的 25%，脂类约为 4%，糖类约为 6%。

摄取普通混合膳食时，食物的特殊动力作用所需热量约为人体每日基础代谢所需热量的 10%。对幼儿来说，食物的特殊动力作用所需热量占总热量的 7%~8%。

食物的特殊动力作用最大的是（　　　）。

A. 蛋白质　　　　　B. 脂肪　　　　　C. 糖类　　　　　D. 维生素

（四）生长发育

幼儿正处于生长发育阶段，生长发育所需要的热量消耗是幼儿特有的，也是最重要的热量需要。幼儿生长迅速，生长发育所需要的热量占总热量的 25%~30%，以后逐渐减少。成人已发育成熟，就没有这项热量消耗。

幼儿生长发育所消耗的热量与生长的速度成正比。一般来说，6 个月以内的婴儿每日每千克体重需要热量高达 167~209 千焦，而 6~12 个月的婴儿每日每千克体重需要热量 63~84 千焦，1 岁以后的幼儿每日每千克体重需要的热量减少到 20 千焦。

（五）排泄丢失

幼儿每天摄入的食物不能完全被身体吸收，一部分随排泄的食物残渣丢失，排泄丢失的热量一般不超过总热量的 10%。

三、幼儿所需营养素

幼儿需要的营养素是多方面的,这里只对蛋白质、脂类、糖类、维生素、无机盐和水进行详细介绍。

(一)蛋白质

1.蛋白质的组成与种类

（1）蛋白质的组成

蛋白质主要由碳、氢、氧、氮组成,还含有少量的硫、磷等,是人体氮的唯一来源。蛋白质的基本单位是氨基酸,目前已经发现的氨基酸有 20 多种,可以分为必需氨基酸和非必需氨基酸两类。

必需氨基酸是指人体需要但不能自行合成或合成的速度远不能适应机体的需要,必须由食物中的蛋白质来提供的氨基酸,主要包括异亮氨酸、亮氨酸、赖氨酸、蛋氨酸、苯丙氨酸、苏氨酸、色氨酸和缬氨酸等。

非必需氨基酸是指在人体代谢过程中可由脂类或糖类转变而来,或由其他氨基酸转化而成,可不从食物中供给的氨基酸。

蛋白质的质量如何要看其中所含的必需氨基酸的种类是否齐全、比例是否适当、含量是否丰富,以及消化率的高低等。一般来说,动物食物中的蛋白质所含的必需氨基酸种类比较齐全,比例比较适当,消化率也较高。

（2）蛋白质的种类

蛋白质的种类取决于多种氨基酸的不同排列组合。根据蛋白质效能的高低,可将其分为完全蛋白质、半完全蛋白质和不完全蛋白质。

完全蛋白质是指所含氨基酸种类齐全、数量充足、比例适当的食物蛋白质,如乳蛋白、卵蛋白等。这种蛋白质质量优良、营养价值高,其成分与人体蛋白相似,能够维持人体的生命和健康,促进幼儿的生长发育。

半完全蛋白质是指所含的必需氨基酸种类基本齐全,但比例不够合理,含量也不足,如小麦中的麦胶蛋白等。若用此类膳食作为蛋白质的唯一来源,则仅能维持生命,不能促进幼儿的生长发育。

不完全蛋白质是指所含的必需氨基酸种类不全且营养价值较低,如玉米、肉皮、蹄筋中的胶蛋白等。若以此类膳食作为蛋白质的唯一来源,既不能维持生命,也无法促进幼儿的生长发育。

2.生理功能

（1）构成、修补细胞和组织

蛋白质是构成一切细胞和组织的基本物质,人体的任何一个细胞、组织和器官中都含有蛋白质。若不计水分,肌肉组织的 3/4 是蛋白质。皮肤、毛发、韧带、血液等都以蛋白质为主要成分。此外,骨骼中也含有蛋白质。幼儿正值生长发育的关键时期,要不断增加新的细胞、新的组织,需要大量蛋白质作为原料。人体每天都有一定的蛋白质被分解,排出体外,因此,体内的蛋白质在更新,需要不断补充蛋白质;人体的组织修复也需要蛋白质。幼儿的膳食中长期缺乏蛋白质,就会影响他们的身体发育和智力发展。然而,摄入的蛋白质并非越多越好,蛋白质含氮,其代谢产物须从肾脏排出,摄入过多的蛋白质会增加肾脏的负担。

拓展阅读

可怕的大头娃娃

2003 年夏季，刘晓琳经历了第一次严峻考验。她所在的阜阳市人民医院儿科陆续收治了一批营养不良的儿童：头颅硕大、四肢短小、面部水肿、神情萎靡，而化验结果显示他们都有明显的低蛋白血症。

她敏锐地察觉到这并不是偶发性的病例，这么多"大头娃娃"的背后肯定有着相同的"罪魁祸首"。经过与家长细致沟通，她发现这些孩子都是由爷爷奶奶在家用奶粉喂养的"留守儿童"，而所用奶粉价格都只有正常奶粉价格的一半。

问题是不是出在奶粉上？刘晓琳和医务人员迅速动员家长们将奶粉送检，结果令她大吃一惊：蛋白质含量只有 2%，仅为国家规定的 12.5%。于是他们立即将情况告知市防疫站，并通过电视台专题节目向家长宣传劣质奶粉的危害。

幼儿期的营养状况不仅影响幼儿近期的体格生长、智力发育、学习能力和疾病抵抗力，而且对其成年以后的健康会产生深远的影响。

（2）调节生理功能

蛋白质参与激素、酶、抗体等具有重要生理功能物质的合成，促进机体内无机盐和维生素的吸收和利用，调节细胞内、外液的渗透压和酸碱平衡，并对遗传信息的传递起到重要作用。此外，蛋白质还可以促进脑细胞的活动，增强大脑的记忆能力。

（3）供给热量

蛋白质可提供热量，每克蛋白质在人体内可产生 17.22 千焦的热量。一般来说，人体每天所需要的热量约有 10% 是由蛋白质提供的。但蛋白质不是热量的主要来源，只有当人体摄入的蛋白质过多或其他产热营养素摄入量不足时，体内的蛋白质才作为热量的主要来源。

3. 蛋白质的营养价值

蛋白质的营养价值主要体现在蛋白质满足机体的氮源和氨基酸需求，保证机体健康生长。一般可以用蛋白质消化率和蛋白质利用率来评价蛋白质的营养价值。

（1）蛋白质消化率

蛋白质消化率是指蛋白质可在机体消化酶作用下分解的程度。

蛋白质消化率 =（食物中被消化吸收的氮的数量 / 食物中含氮总量）× 100%

蛋白质消化率越高，则被机体吸收利用的可能性越大，其营养价值也越高。

（2）蛋白质利用率

蛋白质利用率是指食物蛋白质在机体内消化吸收后被利用的程度，一般用"生物价"来表示。

蛋白质的生物价 =（氮在体内的潴留量 / 氮在体内的吸收量）× 100%

蛋白质的生物价越高，表示机体中蛋白质的利用率越高，即蛋白质的营养价值越高。

4. 蛋白质的食物来源

动物性蛋白质主要来源于瘦肉（如牛肉、鸡肉）、鱼、奶、蛋等；植物性蛋白质主要来源于豆类、坚果和谷类等。其中，动物性食物与豆类（主要是大豆）中的蛋白质所含的必需氨基酸种类齐全，因而被称为优质蛋白，其消化率与利用率都较高。

判断：蛋白质的主要来源是动物性食物和部分植物性食物，比如海带、大豆等。　　（　　）

5. 幼儿对蛋白质的需要量

幼儿新陈代谢旺盛，需要的蛋白质相对比成人多。母乳喂养的婴儿每日每千克体重需要蛋白质 2.0 克。

幼儿正值生长发育时期，为了满足机体生长的需要，每日摄取的蛋白质最好有一半是优质蛋白，如果蛋白质摄入量不足，幼儿就会出现生长发育缓慢、体重减轻、易疲劳、贫血、抵抗传染病的能力下降、创伤和骨折不易愈合等现象，严重的甚至出现智力障碍、营养不良性水肿。机体摄入的蛋白质并非越多越好，其代谢产物需从肾脏排出，蛋白质过多会增加肾脏的负担，还会引起便秘、肠胃病等。

（二）脂类

脂类是一种不溶于水而易溶于有机物的物质，是植物中产热量最高的一种营养素，是动物和植物体的重要组成部分。

1. 脂类的分类

脂类可分为脂肪和类脂两大类。

（1）脂肪

脂肪是由甘油和脂肪酸组成的化合物，主要由碳氢氧三种元素构成，人体中的脂肪大部分储存在脂肪组织中，可占体重的 10%~20%，脂肪中所含的脂肪酸可分为饱和脂肪酸和不饱和脂肪酸。饱和脂肪酸可使血胆固醇增高导致动脉硬化。如果脂肪中主要含饱和脂肪酸，那么在常温下则呈固体状态，如猪油、牛油、羊油、奶油等动物性脂肪。

不饱和脂肪酸可降低胆固醇含量，因此为预防动脉硬化应多选用这类脂肪酸，如果脂肪中主要含不饱和脂肪酸，那么在常温下则呈液体状态，如芝麻油、豆油、花生油、菜籽油、玉米油、葵花籽油等植物性脂肪。

（2）类脂

类脂是脂类及其衍生物的总称，包括磷脂、脂蛋白、固醇类等。其中，磷脂能促进体内胆固醇的运转，对降低体内胆固醇有重要作用。研究发现，机体摄入充足的磷脂对脑和神经的发育以及代谢是非常有益的。

2. 脂类的生理功能

（1）构成人体组织。脂肪是神经、脑、心、肝、肾等组织的组成物质。此外，类脂还是人体细胞的组成物质。

（2）提供维生素。脂肪中含有丰富的脂溶性维生素。此外，脂肪是良好的溶剂，维生素 A 和维生素 E 不溶于水而溶于脂肪，膳食中有适量脂肪存在，有利于脂溶性维生素的吸收。

（3）储存热量。当人体摄入的量超过消耗的热量时，多余的热量就以脂肪的形式在体内储存，当人体热量摄入不足时，可通过消耗体内脂肪释放热量。脂肪发热量高，是高热量的营养素，每克脂肪可提供37.66千焦的热量，是每克糖或每克蛋白质产生热量的2.25倍，是给人体供给热能的燃料库。

（4）保护肌体。脂肪如同软垫可以保护和固定器官，使内脏、血管和神经等免受撞击和震动的损伤。此外，脂肪不易导热，皮下及肠系膜储存的脂肪还能使热量缓慢释放，使体温保持恒定。

（5）增进食欲。在烹调食物时，添加含有脂肪食物可增加食物的色香味，促进食欲。此外，脂肪在消化道内停留的时间较长，增加人的饱腹感，使人不易感到饥饿。

3. 脂类的营养价值

（1）提供必需脂肪酸。必需脂肪酸是指在人体内不能合成，必须由食物提供的脂肪酸，必需脂肪酸在植物性脂肪中含量较高，在动物性脂肪中含量较少，人体所需的必需脂肪酸主要有亚油酸、亚麻酸和花生四烯酸三种，其主要作用如下：

① 促进生长发育。膳食中，亚油酸的缺乏可导致幼儿生长发育迟缓，损伤发育中的中枢神经系统。

② 维护皮肤的屏障功能。必需脂肪酸的缺乏可致皮肤干燥、毛发稀疏、皮肤的通透性增加，病原体容易侵入人体而引发感染。

③ 减少血栓的形成。

④ 降低血液中的胆固醇及甘油三酯。

（2）提供胆固醇。胆固醇是一种类脂，可以在体内合成，也可以从植物中摄取，其主要作用如下：

① 构成细胞膜和细胞质，是某些酶在细胞内有规律分布的重要条件。

② 血浆脂蛋白的组成成分，可携带大量甘油三酯和胆固醇脂在血浆中运行。

③ 人体内合成维生素D的原料。

④ 在体内转变成肾上腺皮质激素。

人体血液中的胆固醇能维持机体的正常生理功能，正常的胆固醇含量有一定的抗癌作用，而胆固醇过高会引起动脉粥样硬化，导致高血压，因此人体内的胆固醇应保持在正常的水平为宜。

4. 脂类的食物来源

脂肪主要来源于肉类食物和烹调油，如猪肉、花生油等。类脂主要来源于乳类、蛋黄、坚果等。

5. 幼儿对脂类的需要量

一般来说，幼儿膳食中脂肪供应的热量应占总热量的35%左右，必需脂肪酸每日至少需要8克。若脂肪供应量太少，可导致幼儿体重下降、皮肤干燥，并发生脂溶性维生素缺乏症。若脂肪供给太多，可导致幼儿肥胖症。

（三）糖类

糖类又称碳水化合物，由碳、氢、氧三种元素组成，所含氢和氧的比例与水相同。

1. 糖类的分类

根据糖类的分子结构，糖类可分为以下三种：

（1）单糖。最小单位的糖，不能被水解，如葡萄糖和果糖等。

（2）双糖。能被水解为少量单糖分子，如蔗糖、麦芽糖和乳糖等。

（3）多糖。能被水解为多个单糖分子，如淀粉、纤维素和果胶等。

2. 糖类的生理功能

（1）提供热量。糖类是人体最主要的热量来源，每克糖能产生约18千焦的热量，正常成人对糖的需要量占总热量的60%~70%，幼儿对糖的需要量占总热量的50%~60%。

（2）构成细胞。糖类是构成人体细胞的重要成分，占人体干重的2%~10%。

（3）促进消化与排泄。糖类中的纤维素和果胶等食物纤维不能被人体吸收，但纤维素和果胶有促进肠蠕动、冲淡肠内毒素的作用。此外，食物纤维还具有预防结肠炎、结肠癌、胆结石、动脉粥样硬化和降低胆固醇的作用。

（4）解毒作用。人体摄入充足的糖可增加肝脏内肝糖原的储存量，进而增强肝脏的功能，葡糖醛酸直接参与肝脏的解毒作用，使有害物质变成无害物质排出体外。

（5）维持心脏和神经系统的正常功能。心脏活动主要靠磷酸葡糖和糖原供给热量，神经系统只能由葡萄糖供给热量，血糖过低可导致昏迷、休克或死亡。

（6）调节蛋白质合成和脂肪的代谢。糖与蛋白质一起被摄入机体时，使氮在体内的储量增加，有利于蛋白质的合成。此外，糖类还帮助脂肪氧化并可转变成脂肪储存于体内。

3. 糖类的食物来源

糖类主要来源于植物性食物，主要包括以下5种食物。

（1）谷类食物。谷类食物含有大量淀粉，人体所需热量的50%左右是从谷类食物中获得的，如米、面粉等。

（2）根茎类食物。根茎类食物富含淀粉，如马铃薯、山药、红薯等。

（3）食用糖。食用糖含蔗糖，如白糖、红糖、冰糖等。

（4）蔬菜水果。蔬菜水果含单糖、纤维素和果胶，如胡萝卜、苹果、梨等。

（5）乳类。乳类主要含乳糖，母乳中含量较多，其他乳类中含量较少。

4. 幼儿对糖类的需要量

根据三大供热营养素供给热量的比例，幼儿每千克体重大约需要12克的糖，占总热量的55%~60%为宜。膳食中，糖类的供应过多可导致龋齿、肥胖等；糖类供应不足会增加体内蛋白质的消耗，导致体重减轻，甚至导致营养不良。

（四）无机盐

人体中的各种元素，除碳、氢、氧和氮主要以有机化合物的形式存在外，其余铁、钙、磷等多种元素均以无机盐的形式存在，无机盐又称矿物质。人体中已经发现的必需无机盐有20多种，占人体重量的4%~5%。

1. 无机盐的分类

无机盐在人体中主要分为以下两类：

常量元素，又称宏量元素，在人体内的含量大于体重的0.01%，与人体关系最密切，主要包括钙、镁、钾、钠、磷、硫等。

微量元素，在人体内的含量小于体重的0.01%，存在数量很少，但对人体也十分重要，过多或过少都可能引起疾病，主要包括铁、铜、锌、碘等。此外，有些微量元素具有潜在毒性，对人体是有害的，主要包括铅、镉、汞、砷、铝、锡、锂等。

2. 无机盐的生理功能

（1）无机盐是构成人体组织的重要原料。钙、磷、镁是骨骼和牙齿的重要成分，磷和硫是构成蛋白质的成分。

（2）无机盐参与调节体液的渗透压和酸碱度。

（3）无机盐维持神经肌肉的兴奋性和细胞通透性。钙、钾对心脏和神经中枢的兴奋性有调节作用，钙与细胞膜中的磷脂紧密结合，控制着细胞的通透性。

（4）无机盐是机体内具有特殊生理功能物质的重要成分。铁是构成血红蛋白的成分，碘是构成甲状腺素的成分，锌是构成胰岛素的成分。

3. 常见无机盐的营养价值及其食物来源

（1）钙

钙是人体含量最多且极为重要的无机盐，尤其是幼儿对钙的需要量很大。幼儿缺钙会直接影响他们的生长发育。

① 钙的生理功能

钙是构成人体骨骼和牙齿的主要成分，人体中 99% 的钙存在于骨骼、牙齿之中，1% 左右的钙存在于血液和细胞内液中。钙是多种酶的激活剂，并参与血凝过程，钙在人体内有着调节神经肌肉兴奋性、促进血液凝固等重要作用。

② 钙的食物来源

含钙丰富的食物主要包含以下几种：

牛奶：含钙量高，牛奶中的钙极易被人体吸收利用。

海产品：富含钙，如虾皮、小鱼干、紫菜、海带等。

豆类及豆制品：是膳食中钙的主要来源，如黄豆、黑豆、豆腐、豆腐干等。

③ 幼儿对钙的需要量

食物中的钙通常只有 20%~30% 能被吸收，其余的钙都随着粪便排出，食物中的蛋白质、维生素 D 等有利于钙的吸收和利用，而菠菜、荠菜等一些含草酸的蔬菜与钙同时食用会妨碍钙的吸收。

钙的供给量并非越多越好，一般来说钙的吸收率与机体对钙的需要量成正比，幼儿、孕妇等对钙的需求量很大，钙的吸收率可达 50% 左右。如果人体摄入过多的钙会增加患肾结石的危险，也可明显抑制铁的吸收并降低锌的利用率，而钙缺乏可导致佝偻病、手足抽搐症等。一般来说，幼儿每日钙的需要量见表 3-1-1。

表 3-1-1　幼儿每日钙的需要量　　　　　　　　　　　　　单位：毫克

年（月）龄	0~6 个月	7~12 个月	1~3 岁	3~7 岁
每日钙的需要量	400	600	600	800

拓展阅读

家长如何判断幼儿是否缺钙？

幼儿缺钙初期可表现为易惊、多汗、睡眠不安、夜惊、夜啼，体征上可出现颅骨软化、方颅、出牙延迟、囟门晚闭、枕秃、鸡胸、下肢畸形、O型腿等。细心的家长如果发现孩子有夜惊、夜啼等表现应及早给予补钙治疗。

（2）磷

① 磷的生理功能

磷是构成人体骨骼和牙齿的重要材料，85%~90%的磷以羟磷灰石的形式存在。磷也是构成组织的重要成分。磷几乎参与机体所有的化学反应。

人体血液中磷过多会引起低血钙症、手足抽搐和惊厥，牙齿容易被腐蚀和高磷血症等；血液中磷过少则会导致低磷血症，造成体内红细胞、白细胞、血小板的异常等。

② 磷的食物来源

肉类、鱼类、奶类、肝脏、豆类、坚果、谷类等食物均含有比较丰富的磷。蔬菜水果类食物含磷量较低。

③ 幼儿对磷的需要量

一般小于6个月的婴儿大约每天需要100毫克的磷，7~12个月的婴儿每天需要275毫克的磷，1~3岁的幼儿每天需要460毫克的磷。

（3）铁

① 铁的生理功能

铁是合成血红蛋白的重要原料，而血红蛋白参与体内氧的运输。人体在铁缺乏时，会造成缺铁性贫血。

此外，铁是合成各种细胞素酶、过氧化氢酶的重要原料。人体在铁缺乏时，会导致肌肉收缩力和机体免疫力下降，影响消化吸收，损害神经系统的功能。

② 铁的食物来源

铁可来源于动物性食物和植物性食物，动物性食物包括瘦肉、动物血、肝脏、鸡胗、猪肾、鱼类、蛋类等，植物性食物包括大豆、黑木耳、芝麻酱、谷类、菠菜、扁豆、豌豆等。

③ 幼儿对铁的需要量

动物性食物中的铁可与血红蛋白、肌红蛋白结合，被肠黏膜直接吸收，因此动物性食物中的铁吸收利用率高。而植物性食物虽然含铁丰富，但吸收率不高。铁在人体内可被反复利用，排出体外的铁很少。幼儿每日对铁的需要量为10毫克，如果铁的供应量不足可导致缺铁性贫血、智力发展缓慢、免疫力低下。此外，要特别注意乳类的铁含量极少，每100毫升乳类的含铁量仅0.1~0.2毫克，因此，以乳类为主食的婴儿要注意补铁。

（4）碘

① 碘的生理功能

碘是构成甲状腺素的重要成分，因此碘的生理功能主要是通过甲状腺素来实现的，甲状腺素对细胞的代谢具有重要的调节作用，对生长发育有重要影响。人体在碘缺乏时会导致甲状腺功能不足、甲状腺肿大、地方性克汀病等。

② 碘的食物来源

人体所需的碘可以从水、食物和食盐中获得，含碘量较丰富的食物主要有海盐、海带、海鱼、紫菜、虾、海参等。

③ 婴幼儿对碘的需要量

不同年龄段婴幼儿对碘的需要量各不相同，通常 0~1 岁的婴儿每日需要碘 40~50 微克，1~3 岁的幼儿每日需要碘 10 微克，4~6 岁的幼儿每日需要碘 90 微克。

（5）锌

① 锌的生理功能

锌可维持机体的正常代谢，参与人体内 100 多种酶的合成，增加垂体激素的活性，延长胰岛素的生理作用。锌还可以维持正常味觉功能，人体内缺锌时，味蕾功能减退，会出现厌食、偏食等症状。锌参与合成头发中的胶原蛋白和皮肤中的角蛋白，人体内缺锌会导致头发干枯、皮肤干燥。此外，锌还能维持上皮和黏膜组织的正常功能、增强人体抵抗力、促进性器官的发育等。

② 锌的食物来源

锌的食物来源主要有动物性食物，如肉类、鱼类、动物内脏、海产品等，其中瘦肉、鱼及牡蛎含锌量较高。

③ 婴幼儿对锌的需要量

不同年龄段婴幼儿对锌的需要量不同，通常 0~6 个月的婴儿每日需要锌 1.5 毫克，7~12 个月的婴儿每日需要锌 8 毫克。随着年龄增长，幼儿对于锌的需要量也会呈缓慢递增趋势。

（五）维生素

维生素是一类有机化合物，在食物中含量极微，既不是构成身体组织的原料，也不是供应热量的物质，但却是维持人体生长发育和调节生理功能的重要成分，是人体维持生命所必需的有机物。

1. 维生素的分类

目前已知的维生素有 20 多种，根据维生素的溶解性可将其分为脂溶性维生素和水溶性维生素两大类。脂溶性维生素不溶于水，只溶于脂类。脂溶性维生素的吸收与脂类密切相关，一般在肝脏中储存，如果过量摄入脂溶性维生素容易引起中毒。脂溶性维生素主要包括维生素 A、维生素 D、维生素 E、维生素 K 等。水溶性维生素不溶于脂类，只溶于水，不能在人体内储存，几乎没有毒性，主要包括维生素 B 族、维生素 C 等。

2. 幼儿较易缺乏的维生素

（1）维生素 A

维生素 A 是脂溶性维生素，一般在烹调过程中不会被破坏，但极易在高温、紫外线照射下被氧化破坏。

① 维生素 A 的生理功能

维生素 A 又称视黄醇，与正常视觉有密切关系，人体缺乏维生素 A 时容易使视网膜内杆状细胞的功能降低，对暗光的反应差，暗适应能力低下，从而产生夜盲症。维生素 A 是皮肤、黏膜、角膜等细胞生长和发育的必需物质，人体缺乏维生素 A 时会导致皮肤粗糙、角化过度、眼球干燥、泪少、免疫力下降。

② 维生素 A 的食物来源

维生素 A 的主要来源包括动物性食物，如动物的肝、蛋黄、乳类等；植物性食物，如菠菜、豌豆苗、辣椒、胡萝卜、红心甜薯等。

③ 婴幼儿对维生素 A 的需要量

不同年龄段幼儿对维生素 A 的需要量不同，通常 0~1 岁的婴儿每日需要维生素 A 约 200 微克，1~3 岁的幼儿每日需要维生素 A 约 400 微克。

（2）维生素 B_1

① 维生素 B_1 的生理功能

维生素 B_1 又称硫胺素，参与糖的代谢、调节神经组织和心脏功能、促进生长发育等。此外，维生素 B_1 对增进食欲也有重要作用。

② 维生素 B_1 的食物来源

维生素 B_1 广泛分布于天然食物中，如肉类、动物内脏、蛋类、豆类、粮谷类都是维生素 B_1 的主要来源。

③ 幼儿对维生素 B_1 的需要量

幼儿每日维生素 B_1 的需要量为 0.8~1.0 毫克。幼儿缺乏维生素 B_1 会引起消化不良、食欲缺乏、体重减轻、发育迟缓等。

拓展阅读

维生素 B_1 与脚气病

人们常说的脚气是指真菌引起的脚癣，而这里的脚气病是维生素 B_1 缺乏症，患者最初的症状是疲乏、腿脚无力、食而无味，病情进一步发展可出现肢体麻木、水肿、肌肉萎缩、感觉迟钝，严重缺乏时会导致心力衰竭。

（3）维生素 B_2

维生素 B_2 是水溶性维生素，在酸性和中性溶液中较稳定，但易被碱性溶液和日照光射破坏。

① 维生素 B_2 的生理功能

维生素 B_2 又称核黄素，是酶的重要组成部分，参与细胞的氧化还原反应，以及蛋白质、脂肪和糖的代谢。

② 维生素 B_2 的食物来源

维生素 B_2 主要来源于各种动物性食物，如动物的内脏、肉类、蛋类和乳类等。此外，杏仁、豆类和新鲜蔬菜也含有一定量的维生素 B_2。

③ 幼儿对维生素 B_2 的需要量

幼儿每日对维生素 B_2 的需要量为 0.6~1.0 毫克。幼儿缺乏维生素 B_2 会引起物质代谢的混乱，出现口角开裂、溃疡、舌炎、唇炎、角膜炎及某些皮炎等。

（4）维生素 C

维生素 C 又称抗坏血酸，是新陈代谢中不可缺少的物质。维生素 C 溶于水且极易氧化。

① 维生素 C 的生理功能

维生素 C 能促进人体组织中胶原蛋白的合成，预防维生素 C 缺乏病的发生，有益于伤口的愈合。此外，维生素 C 对细胞性贫血也有一定的治疗作用。维生素 C 还参与胆固醇的代谢，能降低血液中胆固醇的含量，对预防心血管疾病有一定的作用。

② 维生素 C 的食物来源

维生素 C 主要来源于新鲜的蔬菜和水果中，尤其是绿色蔬菜、番茄和酸味水果中含量较为丰富。

③ 幼儿对维生素 C 的需要量

幼儿每日对维生素 C 的需要量约为 35 毫克。人体缺乏维生素 C 时会出现乏力、食欲减退等症状，严重的可能导致维生素 C 缺乏病，维生素 C 缺乏病除可引起皮下出血，还可引起骨膜下出血。

（5）维生素 D

维生素 D 具有抗佝偻病的作用，属于类固醇化合物。维生素 D 种类很多，其中以维生素 D_2 和维生素 D_3 较为重要。

① 维生素 D 的生理功能

维生素 D 不仅能促进钙和磷在肠道的吸收，还作用于骨骼组织，使钙和磷最终成为骨质的基本结构，从而使骨骼和牙齿正常发育，但维生素 D 并不能起直接作用，在人体内必须先经代谢转化才具有生理功能。

② 维生素 D 的食物来源

维生素 D 主要来源于动物肝脏、鱼肝油、蛋类等。奶类中维生素 D 的含量不高，因此吃奶的婴儿需要补充适量的鱼肝油。此外，晒太阳是补充维生素 D 最方便、最经济的方法。

③ 幼儿对维生素 D 的需要量

幼儿每日对维生素 D 的需要量大约 10 毫克。若幼儿缺乏维生素 D，则易患佝偻病或手足抽搐症；若幼儿摄入过量的维生素 D，则会中毒，表现为烦躁、睡眠不安、食欲减退，进而出现恶心、呕吐、多汗等，严重时可损害心肾功能。

（六）水

水是维持人体正常活动的重要物质，人体失水超过 20% 就会危及生命，因此人体应不断补充水分。

1. 水的生理功能

（1）水是构成机体的主要成分，是人体组织、体液的主要成分。

（2）水是代谢反应的基础。水是机体物质代谢必不可少的溶液媒介，机体内一切化学反应都必须有水的参加。

（3）水可以保持体温恒定。人体通过血液循环将体内代谢产生的热量均匀地分布到全身。

2. 幼儿对水的需要量

人是一个需要水的生命体，年龄越小，体内水分所占的比例越高，新生儿体内水分比例约 80%，婴儿约为 70%，幼儿约为 65%，成人约为 60%。幼儿新陈代谢旺盛，对水的需求量多。幼儿每日每千克体重需要水量不同，0~1 岁的婴儿需要 120~160 毫升，2~3 岁的幼儿需要 100~140 毫升，4~7 岁的幼儿需要 90~110 毫升。

此外，幼儿对水的需要量与其活动量、气温和食物的种类有关，活动量大、气温高、多食蛋白质和无机盐时，对水的需要量会增加。若幼儿缺水，则会造成体内物质代谢紊乱。

3 岁的萌萌近来晚上睡觉时易惊、多汗，甚至哭泣，奶奶说萌萌这是吓着了。

萌萌奶奶的观点对吗？萌萌为什么会出现这种情况？怎样才能改善这种情况？

请说一说不同营养素的作用。

任务 2　幼儿膳食计划要求

● 案例导入 ●

今天的午饭里有白菜，我发现小明却坐在那里，眼中含着泪花，看着盘子里的菜，样子可怜极了，我问他："小明怎么不吃饭呀？"他看了看我，指着盘子里的白菜摇摇头，于是我说："小明，你知道吗？嚼白菜时发出的声音很好听的'咯吱咯吱'像踩在雪地上一样。"听到我的话，小明高兴地吃起来："老师，'咯吱咯吱'，真好听！"

请问：作为一名幼儿教师，如何帮助幼儿养成良好的饮食习惯。

一、婴儿膳食计划

（一）母乳喂养

母乳喂养是指以母乳为主要食物的喂养方式。0~1岁婴儿的饮食比较特殊，一般来说，新生儿出生后会出现生理性体重下降，只要下降的体重不超过刚出生时体重的7%，母亲就应坚持纯母乳喂养，至少保证纯母乳喂养6个月。

母乳喂养的优势十分明显，母乳富含天然营养成分，其中乳蛋白与酪蛋白的比例是6：4，钙元素与磷元素的比例是2：1，有利于婴儿身体生长发育，对预防佝偻病有一定作用。初乳富含大量的免疫蛋白和乳铁蛋白等，易消化，是新生儿早期理想的天然食物。

（二）人工喂养

人工喂养是指以牛乳、羊乳或其他代乳品为主要食物的喂养方式。人工喂养与母乳喂养并不冲突，可以混合进行，也可以单独进行。

人工喂养方式主要有配方奶粉喂养、牛奶喂养、混合喂养等。在没有母乳的情况下，配方奶粉喂养是较好的选择。

（三）辅食添加

4~6个月的婴儿，已经具备了添加辅食的生理基础，他们的唾液中淀粉酶明显增多，吞咽功能和消化能力逐渐增强，辅食的添加可以促进口腔下颌骨的发育，也为断奶做准备。

辅食的添加顺序是由软到硬，按照汤状、泥状、沫状、软烂食物的顺序添加，如米汤、蛋泥、菜糊糊等。辅食的添加量是由少到多，随着婴儿肠胃的逐渐适应，慢慢加量。辅食的添加种类是由一种到多种，每添加一种食物，观察婴儿有无不良反应，才能继续添加新的辅食。

二、幼儿膳食计划

（一）幼儿膳食平衡

膳食指的是水果类、蔬菜类、油脂类、五谷类、蛋豆鱼肉类、奶类六大类食物。幼儿膳食平衡又称幼儿合理膳食，指幼儿摄入的各营养素间具有适当的比例，热能和营养素都能使得幼儿达到生理上的要求。幼儿期的活动量大于婴儿期的活动量，因此，必须精心安排幼儿膳食，保证其身心正常发育。

（二）幼儿膳食配置原则

幼儿正处于生长发育的关键时期，必须获得充足的营养，才能保证机体正常发育，如果长期缺乏某种营养物质，不但影响幼儿的生长发育，还可能会引起各种疾病。因此，合理安排幼儿的膳食，配置适合幼儿年龄特点的食谱是保证幼儿生长发育的重要措施，幼儿膳食配置原则如下：

1. 满足幼儿的营养要求

幼儿每天摄取的食物总量是有限的，为了满足生长发育的需求，应尽量选择富含营养的食品。与成人相比，幼儿所摄入的食物不仅要维持其自身的基础代谢、食物消化、各种活动所需要的热能和营养素，还需要支持机体的生长发育。因此，幼儿所需的食物都必须精心筛选，满足幼儿的营养需求。

2. 注重食物的多样性

注重食物的多样性有利于幼儿的身体健康，因为不同的食物所含的营养素不同，混合食用可达到营养素互补的效果，提高食物的营养价值。如大米和大豆一起蒸米饭，混合食用，蛋白质的效用可大大提高，所以尽量多吃各种食物以获得营养平衡。

3. 保证食物的安全性

保证食物的安全性是幼儿膳食配置的基本要求。为了减少食物中的不安全因素，应尽量选择绿色、有机、无公害的安全食品，确保食物无腐烂、变质等情况。

拓展阅读

《0~6月龄婴儿母乳喂养指南》

中国营养学会发布的《0~6月龄婴儿母乳喂养指南》提出6条准则。

准则1：母乳是婴儿最理想的食物，坚持6月龄内纯母乳喂养。

正常情况下，纯母乳喂养能满足6月龄内婴儿所需要的全部能量、营养素和水。婴儿从出生到满6月龄的阶段内都完全喂给母乳，不要喂给母乳以外的食物，如婴儿配方奶粉。

准则2：生后1小时内开奶，重视尽早吸吮。

新生儿出生10~30分钟，即具备觅食和吸吮能力，出生后30分钟到1小时内的吸吮有助于建立早期母乳喂养。出生1小时后让新生儿开始吸吮，可刺激乳头和乳晕神经感受，向垂体传递其需要母乳的信号，刺激催乳素的分泌，这是确保母乳喂养成功的关键。

准则3：回应式喂养，建立良好的生活规律。

及时识别婴儿饥饿及饱腹信号，并快速作出喂养回应。哭闹是婴儿饥饿信号的最晚信号。按需喂奶，不要强求喂奶次数和时间。婴儿生后2~4周就基本建立了自己的进食规律，家长应明确感知其进食规律的时间信息。

准则4：适当补充维生素D，母乳喂养无须补钙。

母乳中的维生素D含量低。婴儿出生后，应每日补充10微克即400个国际单位的维生素D。纯母乳喂养能满足婴儿骨骼生长对钙的需要，并不需要额外补钙。婴儿中比较普遍的缺钙表现原因在于维生素D的缺乏。

准则5：任何动摇母乳喂养的想法和举动都必须咨询医生和其他专业人员，并由他们帮助做出决定。

任何婴儿配方奶和代乳品都不能与母乳媲美，只能作为纯母乳喂养失败后无奈的选择。如果由于母婴双方或任何一方原因不适合母乳喂养，须由医生做出判断。如果由于其他原因造成母婴暂时分离，不得不采用非母乳喂养，则必须选择适合6月龄内婴儿配方奶喂养，而普通的液态奶、成人奶粉、蛋白粉、豆奶粉等都不宜用于喂养婴儿。

准则6：定期监测体格指标，保持健康生长。

6月龄内婴儿应每月测一次身长、体重、头围，病后恢复期可增加测量次数，并选用《5岁以下儿童生长状况判定》（WS/T423-2013）这一国家卫生标准来判断生长状况。

婴儿生长有自身的规律，过快过慢生长都不利于儿童远期健康。婴儿生长存在着个体差异，也有阶段性波动，不宜相互攀比生长指标。

判断：幼儿每天优质蛋白质的摄入量要占蛋白质总量的40%以上。　　　　（　　）

案例分析

明明妈妈为了让3岁的明明茁壮成长，给明明买了很多维生素、鱼肝油等保健品。明明妈妈的做法对吗？为什么？

课堂小活动

请为幼儿园小班的幼儿制定一周的早餐食谱。

项目四 幼儿心理卫生及保健

◊ 活动导读

　　0~6岁不仅是幼儿身体发育最迅速的时期，而且是心理发展和个性形成的转折期和关键期，必须把保护幼儿的生命安全和促进幼儿的健康放在工作的首位，树立正确的健康观念，在重视其身体健康的同时，高度重视幼儿的心理健康。

　　通过本单元的学习，我们要了解幼儿心理卫生及保健的相关知识，正确理解幼儿心理健康的内涵，能说出幼儿心理健康的影响因素以及预防方法。我们还要能够对幼儿常见心理障碍及问题行为等进行正确分类，掌握幼儿心理障碍和问题行为的矫正方法。

◊ 学习目标

1. 了解幼儿常见心理健康的含义、标志及影响因素。
2. 熟悉幼儿常见心理障碍的分类、影响因素及预防方法。
3. 掌握幼儿心理障碍和问题行为的矫正方法。

任务 1　幼儿心理健康概述

● 案例导入 ●

1 岁前的甜昕十分可爱，见人就笑，一点也不认生，是一个活泼的小女孩。可是后来，甜昕变得越来越安静，不喜欢说话，见到陌生人总是躲在父母的背后，不愿意与小朋友玩耍。

你认为是什么原因导致甜昕的行为改变？

一、心理健康的概述

心理健康又称精神卫生或心理卫生，是研究关于保护和增进人的心理健康的心理学原则、方法和措施。

心理健康有狭义和广义之分。狭义的心理健康旨在预防心理疾病的发生；广义的心理健康则以促进人的心理健康、发挥人的更大的心理效能为目标。

幼儿处于身心迅速发展的发育期，特别容易受到外界环境的影响，因此，做好幼儿的心理健康工作，不仅可以及时发现幼儿的心理问题，更重要的是能够促进幼儿在认知、情感、个性和社会性等方面正常的发展。

二、幼儿心理健康的标志

幼儿时期的身心发展极为迅速，其心理健康的特征是与他们的身心发展紧密相连。心理健康的幼儿应该有如下特征：

（一）智力发展正常

正常的智力水平是幼儿与周围环境取得平衡和协调的基本心理条件。一般把智力看作是以思维力为核心，包括观察力、注意力、记忆力和想象力等各种认知能力的总和。个体智力的发展是不等速的，一般是先快后慢。诸多研究表明，在良好的环境和教育的影响下，幼儿时期是智力发展最快的时期。

（二）情绪稳定

情绪是人对客观事物的一种内心体验，既是一种心理过程，又是心理活动赖以进行的背景。良好的情绪状态反映了中枢神经系统功能活动的协调性，也表示人的身心处于积极的平衡状态。情绪不稳定的幼儿在一定程度上会存在心理障碍。例如：患有恐惧症的幼儿会表现出对某些事物的过度恐惧，而且持续时间会很长；而心理健康的幼儿情绪稳定且反应适度，能够合理宣泄不良情绪。

（三）乐于与人交往

幼儿在社会化发展过程中的人际关系主要有亲子关系、同伴关系、师幼关系等。虽然幼儿的人际关系比较简单，但心理健康的幼儿乐于与人交往，也希望通过交往来获得别人的了解、信任和尊重。和谐的人际关系可使他们产生安全感、舒适感与满足感。

（四）性格特征良好

性格是个性最核心、最本质的表现，它反映在对客观现实的稳定态度和习惯化的行为方式之中。幼儿具有明显的个性心理特征差异：有的比较容易急躁，喜欢热闹；有的性子比较慢，喜欢安静独处。幼儿良好的性格特征表现为乐观、自信、热情、勇敢、善良，能正确地认识和了解自己。

（五）行为统一协调

幼儿的行为方式是其心理活动的反映，也是心理健康的评判标准之一。正常的行为方式有以下几个特点：行为符合其年龄发展水平、无品行障碍和问题行为、心理与行为协调统一。

三、影响幼儿心理健康的因素

心理是否健康不仅关系到幼儿身体的正常发育，而且关系到幼儿今后的人生走向。现代心理学表明：健康的心理是一个人智力和人格发展、潜能开发、道德品质形成、适应社会的前提，是一个人整体素质形成和发展的基础。因此，维护幼儿的心理健康已成为全社会关注的问题。幼儿心理健康受三个因素的影响：生理因素、社会因素、心理因素。

（一）生理因素

1.遗传素质

遗传是一种生物现象。通过遗传，祖先的一些生物特征可以传递给后代。遗传素质是指遗传的生物特征，如身体的构造、形态、感觉器官和神经系统的特征等，其中对心理发展最重要的是神经系统的结构和机能特征。由遗传造成脑发育不全的幼儿，其智力障碍也往往难以克服。同时，遗传素质也影响幼儿的心理特征、行为、能力等方面的发展。

2.生理成熟

生理成熟也称生理发展，是指身体生长发育的程度或水平。生理成熟主要依赖于种系遗传的成长程序，有一定的规律性。生理成熟对幼儿心理发展的具体作用是使心理活动的出现或发展处于准备状态。若在某种生理结构达到成熟时，适时地给予适当的刺激，就会使相应的心理活动有效出现和发展。如果生理上尚未成熟，没有足够的准备，即使给予某种刺激，也难以取得预期的效果。

（二）社会因素

社会因素是影响幼儿心理形成与发展的主导因素。社会因素中，对幼儿影响最大的是家庭、托幼机构和社会文化等因素。

1.家庭对幼儿心理发展起着最直接的影响作用

（1）家庭的自然结构影响幼儿心理的发展。健全完整的家庭结构对幼儿的心理健康发展有着良好的作用，不健全的家庭结构对幼儿的心理有着消极的影响。近年来，一些关于父母离异与幼儿心理健康的研究普遍证实，父母的离异导致幼儿出现孤僻、自卑、胆怯、冷漠等心理，甚至导致其出现心理障碍及问题行为，如撒谎、多动、讲脏话、自虐。因此，稳定的家庭结构对幼儿的心理健康成长有着极为重要的意义。

（2）家长的文化素质、对孩子的期望和教育方式对幼儿心理发展起着重要作用。父母是子女的第一任教师，也是相处时间最长、最亲密的教师。父母的一言一行，对孩子的个性塑造、人格形成、智力发展、价值观念的取向都有潜移默化的影响。家庭教育方式对幼儿心理发展的影响也是不容忽视的。许多家长在满足孩子物质需求的同时，却忽视了其精神需求。家长不信任孩子的能力，怕孩子吃亏，怕孩子受苦，怕孩子添乱，过度包办代替致使孩子丧失了许多动手实践的机会，实际上这样导致他们失去了很多体验成功的快乐。还有一些其他的因素，如家长心理不够健康、行为表现粗鲁、综合素质差、忽视和孩子进行平等的交流等，都会在一定程度上影响孩子的心理健康。

2.托幼机构对幼儿心理发展起着主导作用

托幼机构的教育是在有目的、有计划、有组织地安排下进行的，是一个以教师和幼儿之间的相互关系为主轴构成的社会集体。托幼机构的基本功能就是通过教师与幼儿之间的双向交互作用来促进幼儿的社会性发展。在各类托幼机构的教育中，良好的师幼互动和同伴关系，直接影响着幼儿的社会化进程、自我意识、社会技能和健康人格的发展。

拓展阅读

皮格马利翁效应实验

1968 年，美国心理学家罗森塔尔和雅各布森来在一所小学进行了"未来发展趋势测验"。他们从 18 个班的学生中写了一份"最有发展前途者"的名单交给了校长和相关老师，并叮嘱他们务必要保密。

其实，这是一个谎言，这些学生是随便挑选出来的。8 个月后，奇迹出现了，凡是上了名单的学生，每个人的成绩有了较大的进步，且性格活泼开朗，自信心强。这个实验告诉我们在幼儿园里教师要给予幼儿多一些鼓励与期望，这样可以帮助幼儿健康成长。

3.社会是影响幼儿心理发展的重要环境因素

社会主要是通过环境来影响幼儿心理发展。广义的社会环境主要包括政治经济制度、物质生活条件、文化生活、新闻媒体等，狭义的环境指的是个体生存和发展的具体环境。这些环境虽然没有直接作用于幼儿本身，但是在他们社会化的过程中，幼儿会通过父母等间接了解社会。成年人的价值观、言行举止等都在不可避免地影响着幼儿的心理发展。

（三）心理因素

1.幼儿心理内部的因素是其心理发展的内部原因

遗传和生理成熟是自然条件，环境和教育是社会条件。前者为幼儿心理发展提供可能性，后者是将这种可能性变为现实性。幼儿心理发展的过程不是被动地接受，幼儿本身也积极地参与并影响这个心理发展过程。具体来说，幼儿的自我意识、性格、心理状态、能力、兴趣爱好等都在不同程度地影响着他们的心理发展。

2.幼儿心理的内部矛盾是推动其心理发展的根本原因

幼儿心理的内部矛盾可以概括为两个方面，即新的需要和旧的心理水平或状态。新需要和旧水平的差异就是矛盾运动，幼儿心理正是在这样不断的内部矛盾运动中发展的。例如，1 岁左右的幼儿在和成人接触中产生了说话的需要。当幼儿学会了说一些词语时，就是发展到新水平了。这时幼儿又产生了要表达清楚自己意思的需要，说词语又成了旧水平，于是又出现了新的矛盾。在不断变化的心理内部矛盾的驱使下，幼儿的心理发展水平也在不断提升。

判断：幼儿心理的发展完全是受遗传因素决定的。　　　　　　　　　　（　　　）

　　每年九月份，几乎每个新入园的幼儿都会经历一段哭着要回家的时光，如何"止哭"令王老师特别烦恼。经过了一段时间，她发现每个小朋友哭的情况不一样，有的是在其他小朋友的影响下哭的，有的会一直哭，有的只是默默地流泪……

　　你知道是什么原因导致这种现象吗？影响幼儿心理发展的因素有哪些呢？

　　请说一说幼儿心理健康的因素。

任务2 幼儿常见心理障碍及保健

-------------------------------- ● 案例导入 ● --------------------------------

4岁的壮壮经常与小朋友发生冲突。常有小朋友向老师告他的状："老师，壮壮打我，他抢了我的玩具。"老师严厉地批评壮壮后往往只能管一小会儿，不久又有冲突和告状情况发生。当老师谈起壮壮时常说："他太让人头疼，不知拿他怎么办。"

如何看待壮壮的行为，有什么好的处理办法？

一、情绪障碍

情绪障碍是指以焦虑恐惧、抑郁为主要临床表现的一种心理疾患。

（一）恐惧症

1. 表现

恐惧症是指对某一事物或情境产生不必要的、过度的害怕反应。恐惧症至少具有以下特征中的一种：患者所害怕的事物实际上没有危险或虽有危险但患者恐惧的程度大大超过了应有的限度，如害怕毛绒、鸡毛、绳子等；患者的恐惧行为持续较久而且伴有强烈的恐惧症状，出现焦虑和紧张，甚至影响日常生活。

幼儿患恐惧症的表现形式如下：

（1）社交恐惧症。社交恐惧症表现为幼儿害怕在有人的场合或容易被人注意的场合，会发抖、脸红、出汗，甚至手足无措；不敢在陌生的环境中与别人对坐吃饭，害怕与人近距离相处，会回避与别人交流。

（2）场所恐惧症。患有场所恐惧症的幼儿害怕开放的空间，在人群聚集的地方会感到焦虑；会回避这些地方，出入类似场所必须有自己的亲人陪同。

（3）家庭恐惧症。家庭恐惧症的典型特征是幼儿听到父母的大声呵斥、稍大的说话声音、开门等声音就会感觉心惊、胆怯、惶恐不安，常表现为焦虑不安、精神萎靡等。

（4）特殊恐惧症。幼儿特殊恐惧症包括恐高症、恐声症和类似情景恐惧症等。

2. 产生原因

幼儿恐惧症的产生原因多与个性特征和早期经历有关。性格胆小、敏感的幼儿，容易受他人暗示患上恐惧症；不正确的教育方法，如威胁恐吓、过度溺爱和保护也会导致幼儿恐惧症。

3. 矫正方法

（1）帮助幼儿提高认知水平。多鼓励幼儿去观察和认识自然现象，他们的恐惧往往是由缺乏知识、经验不足或者错误的认识引起的。很多幼儿害怕鬼怪、巫婆等，可能是因为父母在幼儿不听话时用鬼怪、巫婆吓唬他们所导致的。

（2）成人要为幼儿树立良好的榜样。想要树立良好的榜样就要表现出积极、勇敢的一面。年龄小的孩子往往不知道害怕，他们对某些事物的恐惧往往是受了父母和教师的影响。一旦父母或教师对某些事物表现出很恐惧的神情，就会把这种状态传递给他们，让他们觉得自身安全受到严重的威胁。例如，有些家长害怕蟑螂，看到蟑螂后就大喊大叫甚至逃跑，这种恐惧心理在无形中就会传递给幼儿。

（3）鼓励幼儿要勇敢。对胆小、敏感的幼儿，鼓励他们多参加户外活动，培养勇敢、乐观、积极向上的精神。

拓展阅读

幼儿恐惧症的治疗案例

劳拉是一个4岁半的女孩，她害怕在自己的房间里睡觉。第一次预约治疗是治疗师与父母的会谈。劳拉父母向治疗师报告说，自从1年半以前搬进新家之后，劳拉就没有在自己的房间里睡过觉。劳拉通常先在她父母的卧室里入睡，然后由爸爸或妈妈将她抱起来，放到她自己的床上。劳拉会在自己的床上熟睡几个小时，然后在夜间她又会醒过来跑回到父母的床上。如果父母坚持让她回到自己的房间去，她就会喊叫并大哭。

第二次预约治疗是治疗师与劳拉会谈。治疗师对劳拉进行了"玩偶句子完成测验"，并从中发现劳拉的一些特殊反应，提示出有关她睡眠困难的想法与情绪感受。在讨论中，劳拉表达出她对于怪物的恐惧。在她的想象中，怪物又高又大，有长长的牙齿，只在夜里才出现，而且只在她的卧室里出现。劳拉同时还提到，她害怕自己房间里的张贴画，不喜欢壁橱的门敞开着，还有她3岁的时候是能够在自己的房间里睡觉的。她记得，对于能在自己的卧室里睡觉，她当时感觉很好。治疗师与劳拉一起列了一个表，看看如果她夜间能在自己的床上睡觉，哪些人会感到高兴。这个名单里包括了妈妈、爸爸、劳拉自己，还有家里的那只猫。在第二次预约治疗结束的时候，治疗师对劳拉与她的父母提出了建议：关闭劳拉卧室里的壁橱门；移走使她感到害怕的张贴画；将关心劳拉的人的名单打印出来贴在她的床边；为劳拉购买一个手电筒并放在她的床边随手可以拿到的地方；父母与劳拉练习使用假想的"神奇怪物喷射器"；由劳拉的父亲来承担晚上送她回房间的任务。

一周之后，劳拉全家前来接受了第三次治疗。劳拉父母报告说，劳拉在第一天夜里哭了2个小时，第二天夜里哭了1个小时，在第三天半夜只嘟囔了几分钟，在第四天夜里可以毫无困难地在自己的房间睡觉。在第三次治疗中，劳拉因为自己的积极努力得到了一些贴画，然后她与治疗师一起编写了一本"故事书"，在书的每一页上都写有一些简单的评述：劳拉整夜都在自己的床上睡觉；她使用了手电筒；她使用了神奇的"怪物喷射器"，爸爸用它将怪物赶走了；她在自己的床上睡了一整夜；劳拉和爸爸还一起做了一个特殊的标牌，上面点缀着漂亮的星星，拿回家贴在劳拉的墙上。标牌上写道："干得好！劳拉，能在自己的床上睡觉。"

1个月之后，劳拉全家接受了第四次治疗。这一次，劳拉已经完全能够在自己的房间里睡觉。

（二）焦虑症

幼儿焦虑症是指以恐惧和不安为主的情绪体验，如无指向性的恐惧、胆怯心悸、口干、头痛、腹痛等。通常幼儿焦虑症发作时，表现为紧张、恐惧、烦躁不安、哭闹伴食欲不振、呕吐、尿床等，但这种紧张和恐惧往往没有具体的指向。幼儿焦虑症中，分离焦虑症最为多见。

1. 表现

分离焦虑症是指幼儿因与亲人分离而引起的焦虑、不安或不愉快的情绪反应，又称离别焦虑。分离焦虑症的表现：不切实际、持续地担心重要的依附对象受到伤害，或担心自己被抛弃；不切实际、持续地担心灾难会发生在重要依附对象的身上；持续不愿意去上学，是为了和重要的依附对象在一起；不愿意单独睡觉或单独离开家；害怕单独一个人；重复出现分离主题的噩梦；当预期可能或已经和重要的依附对象分离的时候，会感觉到过度的痛苦。

2. 产生原因

幼儿分离焦虑症主要与社会因素及遗传因素有关，患有此种情绪障碍的幼儿往往性格内向，缺乏安全感，情绪不稳定。

3. 矫正方法

（1）降低亲子依恋程度，积极地引导。在生活中，家长要适当地放手，让幼儿适当地做一些自己想做的事情，使幼儿在没有父母的陪同下也能完成一些力所能及的事情，减轻对父母的依赖，引导他们正确地面对分离的状况。

（2）培养幼儿的社交技能。家长要让他们尽量多接触一些家庭以外的大人和孩子，引导幼儿从小就建立良好的同伴关系。当有小伙伴来家里玩时，家长要鼓励孩子把玩具拿出来和其他小朋友一起分享，培养其与人相处的能力。此外，家长还要培养幼儿与陌生人打招呼的习惯，以克服其在陌生环境里的胆小、怕生等情绪。

技能高考

> 选择：幼儿最低水平的焦虑症状为（　　　　）
> 　　A. 躯体伤害恐惧　　　　　　　　B. 分离焦虑
> 　　C. 社交恐惧和广泛性焦虑　　　　D. 强迫性神经症障碍

二、睡眠障碍

充足的睡眠和良好的睡眠习惯对幼儿的身心健康有重要意义。目前，越来越多的幼儿存在睡眠问题，由于夜间睡眠不安，白天往往精神不振、坐卧不安、饮食不佳、容易发脾气，严重影响他们的身心健康。幼儿常见的睡眠障碍有夜惊、梦游、梦魇等。

（一）夜惊

夜惊是睡眠障碍的一种表现，其发生与白天情绪紧张有密切关系，常见于2~5岁的学前儿童，且男孩发生夜惊的现象多于女孩。

1. 表现

一般在入睡15~30分钟后，在没有任何外界环境变化的情况下，幼儿突然哭喊惊叫，并从床上坐起、两眼直视、表情惊恐、手足乱动、呼吸急促、心跳加快、出汗等，对他人的安抚也不予理睬；发作持续 10 分钟左右后又自行入睡。次日醒来后，幼儿对夜惊发作完全遗忘，或者仅有片段的记忆。夜惊发作次数不定，可隔数天、数十天发作一次，也可一夜发作多次。

2. 产生原因

（1）大脑发育不完善

幼儿的中枢神经系统发育不完善，尤其是控制睡眠觉醒的大脑皮质细胞发育不成熟，功能不完善，会使他们的睡眠受到影响。这是他们生长发育过程中的自然现象，随着年龄增长，身体各部分发育成熟，症状也会逐渐消失。

（2）心理因素

幼儿经历父母离异、亲人伤亡、受到严厉的惩罚等，会因心理受刺激或产生较大的心理压力而导致受惊和紧张不安；睡前精神紧张，如看惊险电影、听情节紧张的故事，也可能导致暂时性夜惊。

（3）其他因素

幼儿的神经系统失调、内分泌失调，以及严重的钙缺乏症都可能造成夜惊发作；鼻咽部疾病致睡眠时呼吸不畅，以及肠寄生虫等也可导致夜惊。此外，卧室空气污浊、室温过高、盖被过厚、手压迫前胸、晚餐过饱也会引起这种情况。

3. 矫正方法

如果幼儿夜惊发作的现象不很明显或较少发作，则不必担心，随着年龄的增长，大多会自行消失。对于夜惊症状明显的幼儿，一般不需药物治疗，主要从以下几方面进行调节。

（1）养成良好的作息习惯

要让幼儿养成按时睡眠的习惯，睡前不要吃太多东西，保证睡眠时间充足，睡姿正确等。此外，注意改善幼儿的睡眠环境，如保持室内空气流通，睡眠时不开灯等。

（2）解除心理压力

要尽量避免容易引起幼儿夜惊的情形，平时可通过讲故事、做游戏等方式对他们进行心理疏导，减轻他们的心理压力；注意培养幼儿坚强的意志和开朗的性格，在出现一些突发事件时，要对其进行安抚；睡觉前，家长可以陪他们说说话、讲故事或听音乐等，让孩子心情愉快地入睡。

（3）合理安排活动量

适当的活动量可以增强幼儿的体质，促进脑的发育。如果白天幼儿进行适当的活动，晚上就容易入睡。需要注意的是，幼儿的活动量不宜超过他们的负荷，过度的兴奋和劳累也容易引起夜惊。少数幼儿的夜惊不属于睡眠障碍，而是癫痫发作的一种形式，如果孩子经常发生夜惊，在白天时的精神、行为也有异常，应尽早就医。

（二）梦游

梦游也是睡眠障碍的一种表现，梦游患者在熟睡过程中会起来在室内外进行某些活动。幼儿患者往往伴有夜间遗尿。

1. 表现

幼儿在熟睡中突然坐起或下床活动，如穿好衣服、做游戏动作、来回踱步、跑步，甚至外出游荡等。

梦游幼儿往往表情茫然，步态不稳，动作刻板，有时口中念念有词，但是意识并不清醒，发作可持续几分钟至1小时以上，然后上床入睡，醒后完全遗忘。

2. 产生原因

梦游的发生可能与以下几个因素有关：第一，家族遗传，睡眠中会模拟白天游戏的动作；第二，因患脑部疾病或脑外伤后，引起大脑皮质内抑制功能减退；第三，白天活动过于兴奋，紧张不安等情绪得不到缓解。

3. 矫正方法

一般来说，随着幼儿年龄的增长，大脑皮质的内抑制能力增强，梦游现象可自行消失，不必进行特殊治疗。对于幼儿，要避免在他们面前渲染其发作时的表现；尽量消除使幼儿产生焦虑的精神因素。对于频繁发作的幼儿，应尽早就医。

（三）梦魇

梦魇也是较为常见的一种睡眠障碍，多见于3~7岁的幼儿。

1. 表现

梦魇的主要表现是做噩梦。幼儿在睡眠过程中出现噩梦，梦中见到可怕的景象或事物，如从树上跌下、突然失足落水、被怪物追赶等，因而呼叫呻吟，伴有呼吸急促、心跳加快，自觉全身不能动弹，以致在梦中大声哭喊惊醒，醒后仍有短暂的情绪失常，表现出紧张、害怕、出冷汗、面色苍白等，对梦境尚有片段的记忆，发作后又自然入睡。

2. 产生原因

引发幼儿梦魇的因素有多种，主要包括患有疾病（如呼吸道感染或肠道寄生虫病等），遭受挫折，心理压力（如挨批评、受惩罚等），身体过度疲劳，其他刺激（如看恐怖影片、听恐怖故事等）。

3. 矫正方法

幼儿的梦魇只要不是经常发作，可不做特殊治疗。随着年龄的增长，幼儿承受压力和适应环境的能力增强，梦魇的发作也会自然减少或消失。平时应保持生活规律，避免白天过度兴奋和劳累。幼儿发生梦魇后，家长应该加强精神抚慰，消除幼儿内心的矛盾冲突，缓解其紧张情绪；频繁发作的，应尽早就医。

技能高考

选择：幼儿做噩梦并伴有呼吸急促、心跳加剧，自觉全身不能动弹，以致从梦中惊醒、哭闹。醒后仍有短暂的情绪失常，紧张、害怕、出冷汗、面色苍白等。这是（　　　）

　　A. 癫痫发作　　　　　B. 梦游症　　　　　C. 夜惊　　　　　D. 梦魇

三、语言障碍

学前阶段是幼儿语言发育的关键期。幼儿常见的语言障碍有语言发育迟缓、口吃等。

（一）语言发育迟缓

语言发育迟缓是指由各种原因引起的幼儿口头表达或语言理解能力明显落后于同龄幼儿的正常

水平。如2岁左右的幼儿仍不会说话、说话口齿不清，或听不懂他人的话。临床上将前者称为表达性语言障碍，后者为接受性语言障碍。

1. 表现

语言发育迟缓的幼儿在学说话时，就表现出明显的语言缺陷。例如，有时只能发出一些单音，不能组成词，也记不住普通的词，词汇十分贫乏，不能用完整的句子描述自己所要的东西。此外，语言发育迟缓的幼儿容易情绪烦躁、爱哭，对学习语言兴趣差，不愿学说话，喜欢用手势、表情来表达意思，但对语言的理解是正常的。

2. 产生原因

智力低下、听力障碍、发音器官疾病、中枢神经系统疾病、语言环境不良、溺爱等因素均是导致幼儿语言发育迟缓的常见因素。生活中比较多见的是因家长无微不至的照顾，包办了幼儿的所思、所想、所需，"剥夺"了幼儿说话的需要；或因家长精力有限，与幼儿交流沟通少，缺乏语言环境的刺激，导致幼儿语言发育迟缓。

3. 矫正方法

矫正表达性语言障碍的幼儿，应着重采用鼓励和训练说话的方法迫使幼儿用语言来表达自己的需要和要求。生活中，对幼儿的手势和眼神要求装作不明白，成人用语言示范并要求其模仿，只有在幼儿使用语言表达后才满足其要求。同时，讲故事、唱儿歌也都是很好的语言练习活动。

（二）口吃

口吃，俗称结巴，是指讲话不流畅，不自主地语言重复、延长，造成说话困难。从生理表现上说，口吃主要是由于呼吸肌、喉肌及其他与发音有关的器官紧张及痉挛所造成的。语言障碍也会引起心理障碍，心理障碍又影响语言障碍，语言和心理相互作用、相互影响就会导致语言心理失调。

1. 表现

（1）讲话时，外部语言急于表达，讲话语速太快、太急，不能和内部语言协调工作，没有正常的节奏和停顿。

（2）语气不连贯，有字音重复、停顿和词句中断等口吃现象。

（3）说话时通常伴有身体用力、胸闷、气短等现象，严重的甚至还出现说话时手舞足蹈和脸部肌肉抽搐、痉挛等现象。

2. 产生原因

导致口吃的原因很多。研究报告显示，口吃与遗传、神经生理发育、家庭和社会、心理因素等有关，如口吃存在家族性特征，男孩发病率高于女孩。在幼儿语言发育早期，如周围有口吃人群，幼儿很容易模仿习得口吃；或因发音不准、吐字不清受到成人指责，或精神紧张、焦虑等导致口吃。也有一些幼儿属发育性口吃，说话常有迟疑不流畅，但随着语言发展，口吃现象会逐渐消失。

3. 矫正方法

（1）努力消除引起幼儿说话时情绪紧张的因素。在幼儿学习语言初期应营造宽松的学习氛围，幼儿发音不准或不流畅时不要指责或制止。当幼儿说话结巴时，家长不要大声训斥，更不要嘲笑，要善于诱导，不可操之过急。如果幼儿口吃情况稍好一些，家长应及时给予鼓励，增强幼儿战胜口吃的信心。在生活中，要禁止幼儿模仿口吃，因为有一部分幼儿口吃是通过模仿习得的。

（2）有意识地进行一些言语训练。进行言语训练，一定要在肌肉放松时练习发音，让幼儿放慢说话速度、延长说话时间，进行反复训练。口吃幼儿在唱歌、朗读、讲故事时往往不容易口吃，因为这些行为都在一定的节奏控制下进行。平时，要鼓励口吃幼儿多练习朗读、背儿歌、讲故事，尽量做到富有感情、抑扬顿挫。通过发音法的节奏训练，幼儿可以恢复已丧失的语言节律。成人也要起到示范作用，在和幼儿说话时语调要平缓、口齿要清晰、保持良好语速。随着年龄的增长，大多幼儿的口吃现象会得到改善。

四、饮食障碍

饮食障碍包括神经性厌食、偏食等，以神经性厌食较多见。

（一）神经性厌食

神经性厌食主要是由心理因素引起的进食障碍，多见于年龄较大的幼儿。

1.表现

神经性厌食最初表现为食欲减退，吃得极少，逐渐对任何食物都不感兴趣，经常回避或拒绝进食，甚至将食物暗中抛弃，若强迫进食会引起呕吐。幼儿由于进食少而导致体重减轻、逐渐消瘦，出现头晕、乏力、手足发凉，甚至体温降低、心率减慢、血压降低、贫血等症状。

2.产生原因

引起神经性厌食的原因主要有以下几点：第一，不良的饮食结构和饮食习惯，如挑食、饭前吃零食、吃饭不定时等；第二，幼儿经受强烈惊吓或对新环境适应不良；第三，从营养学的角度来说，厌食与缺锌有关；第四，家长强迫喂食，降低了幼儿摄食中枢的兴奋度。

3.矫正方法

（1）规律饮食

培养幼儿定时、定量进食：少吃油腻、不易消化的食物，营造良好的饮食环境，让幼儿集中精力吃饭，不能边吃边玩，边吃边看书和电视等；注意饮食多样化，用食物本身的色、香、味激发他们的食欲。

（2）不纵容幼儿

对于幼儿的厌食行为要正确对待，对幼儿的食量变化不必过于敏感，不要用"许诺"作为"开胃药"，否则幼儿会从家长的态度中得出经验，在餐桌上可以得到平时得不到的东西，"不吃"就成了达到某种目的的手段。要让幼儿懂得，不好好吃饭得不到大人的注意和关怀，好好吃饭才能受到表扬。

（3）解决缺锌问题

保证幼儿从饮食中摄取足够的锌，如每天吃定量的瘦肉等。缺锌的幼儿常伴有缺钙，因此也要注意多吃含钙多的食物，如牛奶、豆制品等。此外，补充钙、锌复合制剂是快速解决幼儿厌食的最有效的途径之一。

（二）偏食

偏食是目前幼儿中典型的一种饮食障碍，具有一定的普遍性。幼儿的偏食一般是从断奶后开始的。

1. 表现

幼儿多半有偏食问题，对蔬菜、水果的摄取量明显偏低或不吃，但偏爱吃高糖、高油的食物，如糖果、汽水、炸鸡、西点等。经相关调查发现，偏食幼儿的平均身高比同龄幼儿矮6厘米，平均体重也大约轻2千克，如果偏食行为仍不改善，除了会影响其脑部与身体肌肉的生长发育，还会引起注意力不集中、情绪低落或脾气暴躁等。

2. 产生原因

除极少数的幼儿在味觉方面可能生来就有一定的倾向性，幼儿偏食大多数是心理因素造成的，与家长的抚养方式也有直接关系。

（1）迎合幼儿的胃口

婴儿断奶后可能无法一下子习惯某些新的食物，父母为了迎合他们的胃口，想尽办法为婴儿准备他们喜欢的食物，一味满足其要求，甚至不给他们尝试各种其他食物的机会，造成幼儿偏食。

（2）幼儿的逆反心理

幼儿也有逆反心理，经常表现出"不"的意思，如故意不吃、打翻饭菜等，而父母因担心幼儿不吃或吃不够会造成营养不良，于是百般讨好，任由他们挑食。

（3）幼儿为引起注意

有些幼儿由于缺乏关心，当受到挫折时，就故意以偏食行为来引起父母的注意，这是一种心理防卫机制。

（4）家人的偏食习惯

父母有偏食习惯会大大增加幼儿偏食的可能，幼儿的饮食习惯也渗透着模仿的因素，家长对饮食的态度偏好都会有意无意地传递给幼儿。

3. 矫正方法

幼儿的偏食问题不仅会影响他们的正常生长发育，还会诱发某些不良的心理状态，如自私、霸道、任性等，因此应及早纠正，具体措施主要有以下几方面。

（1）端正抚育幼儿的态度，树立良好的榜样

家长应为幼儿提供尝试各种食物的机会，但千万不能强迫他们进食，以免引起厌食。有偏食习惯的家长应先改变自己的不良饮食习惯。要求幼儿吃的食物，家长自己也要吃，并且在幼儿面前通过语言、表情、行为表现出很喜欢吃的样子，这样会激励幼儿去吃这些食物。对幼儿不感兴趣的食物，家长要做出"有滋有味大口吃"的样子，并给予"真好吃"的称赞声，为幼儿做表率，一旦幼儿尝试了一点儿就要及时给予表扬。

（2）参加各种户外活动，开展营养知识的学习活动

参加户外活动会消耗体内的热量，就会使幼儿容易有饥饿感，而饥饿感会直接增强幼儿的食欲，这样就会让幼儿慢慢改变偏食的不良习惯。此外，幼儿园可以开展有关营养知识的学习活动，采用舞台剧、表演游戏等幼儿喜欢的形式，学习、了解各种食物对健康的好处及挑食偏食的危害。

（3）让幼儿与其他小朋友或大人一起进餐

大多数幼儿在幼儿园里吃得多且极少偏食，是因为幼儿在进餐时大多有一种从众心理，他们的食欲可以随着环境而改变。因此，家长也应该有意识地让孩子与大人一起进餐，餐桌上既不过

分关心他们的食量，也不要漠不关心，只要以一种参与、欣赏、帮助的态度对待幼儿，就可以培养其良好的饮食习惯。

五、品行障碍

品行障碍在幼儿期较为常见，且男孩出现品行障碍的现象多于女孩，主要表现为攻击性行为、说谎等。

（一）攻击性行为

攻击性行为指的是当幼儿需求得不到满足或者自己的权利受到损害时而表现出来的身体上或者语言上的侵犯性行为。

1.表现

幼儿攻击性行为主要表现形式有：无意性攻击，指的是幼儿之间无意的伤害；表现性攻击，幼儿在无心伤害其他幼儿时产生一种快乐的体验；工具性攻击，幼儿为了达到某种目的而产生的行为冲突，没有考虑到是否会伤害他人；敌意性攻击，有意伤害或者报复先前受到的侮辱或伤害的行为。

2.产生原因

攻击性行为的产生与幼儿的生理因素、家庭教养方式、社会影响紧密相关。

3.矫正方法

照护者需采用多种方式让幼儿知道攻击性行为对他人产生的伤害；帮助幼儿提高情绪自控能力，合理发泄不良情绪。

（二）说谎

说谎是幼儿普遍存在的现象，一般分为无意说谎和有意说谎

1.表现

幼儿说谎主要表现为幼儿说出了不符合事实的言语。

2.产生原因

无意说谎并不是有意编造出来的，是指幼儿由于认知发展水平低而产生的想象与现实不符的情况，随着年龄的增长，无意说谎会逐渐减少。有意说谎是指幼儿为了逃避惩罚或者是获得奖励而编造谎话。

3.矫正方法

对待无意说谎的幼儿，照护者需帮助他们认清现实和想象，提高认知水平。对待有意说谎的幼儿，照护者要帮助他们认识到有意说谎的负面影响并及时地改正。在日常生活中，照护者要言传身教，为幼儿树立榜样。

技能高考

> 判断：攻击性行为、说谎、拒绝上幼儿园都是幼儿品行障碍的表现。 （　　）

六、发育障碍

发育障碍是指幼儿发育不成熟而表现出的一些疾病症状，如遗尿症、多动症、感觉统合失调等。

（一）遗尿症

1. 特征

遗尿症俗称尿床，通常指幼儿在熟睡时不自主地排尿。遗尿症的主要表现就是患者在熟睡时不自主地排尿，除夜间尿床外，日间常有尿频、尿急或排尿困难、尿流细等症状。

2. 产生原因

幼儿发生遗尿症多与以下因素有关：一是大脑功能发育不全。当幼儿进入睡眠状态时，大脑皮质的敏感性下降，对排尿刺激不敏感，使幼儿不能及时醒来控制排尿，导致遗尿。二是没进行夜间排尿训练或训练不当。有的家长长期给幼儿在夜间使用尿不湿而不进行排尿训练，幼儿故而不具备夜间排尿的条件反射。三是体内控制尿液浓缩的抗利尿激素分泌不足。正常情况下，人体在夜间会分泌抗利尿激素促使尿液浓缩、减少尿量。有的幼儿抗利尿激素分泌少，就会导致夜间尿量增多，出现尿床现象。四是其他因素，如幼儿膀胱容量小、精神压力大、睡前大量饮水或环境改变等都可能会导致遗尿。

3. 矫正方法

（1）适时提醒幼儿上厕所。睡前和活动一段时间后，要提醒幼儿上厕所，适时地提醒可以有效减少幼儿尿床现象。培养幼儿良好的作息和卫生习惯，掌握幼儿排尿的时间和规律，夜间唤醒幼儿起床排尿 1~2 次。

（2）减少幼儿对尿床的焦虑感。照护者要照顾到幼儿的自尊心，多劝慰、鼓励，少斥责、惩罚，耐心地对幼儿进行教育、解释，以消除其紧张情绪，减轻心理负担。

（3）到医院诊治。如果幼儿经常出现尿床的现象，可以带幼儿去医院做详细检查。

技能高考

> 选择：下列不是儿童功能性遗尿症病因的是（　　　　）。
>
> 　　A. 精神紧张　　　　　B. 过于疲劳　　　　　C. 躯体疾病　　　　　D. 生活环境变化

（二）多动症

1. 表现

多动症，是一种因轻微脑功能失调引起的幼儿行为障碍症状群。多动症是幼儿发病率较高的疾病，男孩的发病率高于女孩。多动症幼儿的主要表现如下：

（1）注意障碍。多动症幼儿注意不能集中或不能持久，而被动注意却亢进，容易被外界刺激而分心。

（2）活动过多。多动症幼儿的多动并不主要体现在"多"，而是他们的行动存在"质"的差异，表现为心不在焉、心神不宁、心慌意乱。

（3）冲动任性。多动症幼儿急躁、易激动、爱发脾气。在观察幼儿是否患多动症时，要注意把多动症与正常幼儿的好动区别开来。

照护者可借助康奈氏幼儿多动症量表对幼儿进行初步测评，见表 4-2-1。其计分标准为"没有"计为 0 分、"有时"计为 1 分、"经常"计为 2 分、"总是"计为 3 分，如果各项累计总分为 15 分或超过 15 分，建议家长带幼儿去医院做进一步检查。

表 4-2-1 康奈氏幼儿多动症量表

症状	没有	有时	经常	总是
1. 活动过多，一刻不停				
2. 兴奋激动，容易冲动				
3. 打扰其他孩子				
4. 做事有头无尾，不能有始有终				
5. 坐立不安，坐不住				
6. 注意力不集中，容易分心				
7. 必须立即满足要求，容易灰心丧气				
8. 经常哭泣，大声叫喊				
9. 情绪不稳，容易变化				
10. 脾气暴躁，常有不可预测的行为				

2. 产生原因

幼儿多动症的产生原因至今还没有定论。一般说来有以下两点原因：第一，遗传、脑外伤、某些传染病、环境污染、铅中毒等；第二，不良的教育方式、不和谐的家庭、社会环境影响等。

3. 矫正方法

（1）给予幼儿正确的引导和帮助。面对多动症幼儿不应歧视、不应打骂，以免加重幼儿的精神创伤。家长、老师应对幼儿给予关心、正确的引导和帮助，不能因其好动而感到厌倦。当多动症幼儿在学习中出现适宜行为时，应当及时给予奖励，以鼓励他们继续进步。

（2）让幼儿释放多余的精力。多动症幼儿的精力比较旺盛，对于他们要进行正面的引导，使其把多余的精力释放出来。家长和老师要多组织他们参加各种体育活动，如跑步、打球、爬山、跳远等，但在安排他们进行活动时应注意安全。

（3）对幼儿加强集中注意力的培养。应逐步培养多动症幼儿静坐、集中注意力的习惯，从简单的活动做起，逐渐延长其集中注意力的时间。

> **判断：** 儿童期多动综合征是一类以交往障碍为最突出表现，以多动为主要特征的儿童行为问题。　　　　　　　　　　　　　　　　　　　　　　　　　　　　（　　）

（三）感觉统合失调

感觉统合失调，是一种中枢神经系统的障碍问题，一般都发生在幼儿的身上。感觉统合失常的幼儿的智能测验都在平均水准以上，却有学习上或行动上的障碍，其中有四分之一以上的幼儿被误认为有智力障碍。

1. 表现

（1）视觉统合失调。视觉统合失调的幼儿不喜欢阅读，因为在阅读时常会出现读书跳行、翻书页码不对、多字少字等视觉上的错误。

（2）听觉统合失调。听觉统合失调的幼儿多数表现为上课注意力不集中、好动、不喜欢和别人讲话、丢三落四、记忆力差，对于别人的呼喊经常没有反应。

（3）触觉统合失调。触觉统合失调的幼儿往往对别人的触摸十分敏感，心理上总有一种担心、害怕的感觉，在学习与生活中则表现为好动、不安。

（4）本体觉统合失调。本体觉统合失调的幼儿多数表现为站无站相、坐无坐相，缺乏自信，脾气暴躁，粗心大意。

（5）前庭平衡失调。前庭平衡失调的幼儿多数表现为拿东西不稳，左右手不分，方向感不明，容易跌倒，经常撞到墙，碰到桌椅，好动不安，注意力不集中，人际关系不良，有攻击性等。

2. 产生原因

感觉统合失调的病因和发病机制目前尚不清楚，学者们倾向认为与下面两种原因有关：一是现代人生活环境和生活方式的改变。尽管新生儿出生时已具有各种感觉能力，但大脑对多种感觉信息的加工统合能力是后天不断刺激、练习的结果。如今，幼儿的户外活动减少使得他们的大脑统合能力没有得到足够的刺激和锻炼。二是家长的溺爱剥夺了幼儿的锻炼机会。家长对孩子溺爱，一些本应由孩子自己做的事情全由家长包办，或出于安全考虑限制孩子的探索性行动，从而影响他们的感觉统合能力的发展。

3. 矫正方法

照护者可以通过社交疗法、游戏疗法、语言疗法等多种方法来预防或纠正幼儿感觉统合失调。例如，鼓励幼儿自己的事情自己做；定期参加户外活动；扩大社交范围，帮助幼儿开阔视野。

案例分析

红红的父母常年在外务工，很少回家，平时都是由奶奶照顾，奶奶对红红有求必应。平时红红特别偏食，父母回家后发现这个情况，对红红进行了严厉批评。

请分析上述家长的做法合理吗？怎样让红红改掉偏食的习惯？

选定观察对象，观察并询问观察对象的心理发展情况，可以从动作、感知、语言、认知及个性等方面来进行了解，根据本模块所学的知识，总结分析幼儿在情绪、睡眠、语言、饮食等方面的表现，判断其是否存在某方面的心理障碍，综合评价其心理发展情况，提出有针对性的保育工作建议，完成实践报告（见附表）并在课堂上进行交流。

附表

幼儿心理发展情况实践报告

专业班级：_____　　　姓名：_____

观察对象信息	姓名：_____　　实足年龄：_____岁零_____月 性别：_____　　身高：_____厘米　　体重：_____千克
情绪表现	
睡眠表现	
语言表现	
饮食表现	
品行表现	
其他行为表现	
综合评价心理发展情况	
保育工作建议	

项目五　幼儿身体疾病的护理及保健

活动导读

俗话说："小儿不蹦跳，一定有病闹。"幼儿在生长发育的过程中，由于机体发育不完善，很容易受到病毒或者细菌的侵袭。很多种常见疾病会对幼儿的身体造成伤害。

学习本单元，首先要了解传染病的基础知识，掌握传染病的综合性预防措施。然后，学习幼儿常见传染病及其预防、幼儿常见非传染性疾病及其预防的相关知识，具备观察并发现幼儿患病的特殊现象并能够对一些疾病的典型症状进行初步判断。最后，掌握幼儿常见疾病的基本特征及规律，并能够对患病的幼儿进行正确照护。

学习目标

1. 了解传染病的基本特征，掌握传染病发生流行的三个环节以及综合性的预防措施。
2. 掌握幼儿常见传染病的流行特点、传播途径、主要症状及预防措施。
3. 熟悉幼儿常见非传染性疾病的病因、症状及预防。
4. 掌握幼儿常用护理技术，并能学以致用。

任务 1　幼儿常见传染病及其预防

● 案例导入 ●

邻居小朋友阳阳得了红眼病，小萌的奶奶再三告诉小萌不要和阳阳玩了，即使看一眼也不行。"这个红眼病看一下就会被传染，是通过目光传染，速度很快的。"小萌妈妈听了，觉得小萌奶奶的观点不对，但是不知道如何解释。

红眼病真的是通过目光就可以传播吗？

一、传染病的基础知识

传染病是由病原体（细菌、病毒、真菌、寄生虫等）侵入机体引起的，并能在人与人之间、人与动物或动物与动物之间相互传播的疾病。

（一）传染病的基本特性

1. 有病原体

病原体是指周围环境中能使人感染疾病的微生物，包括细菌、病毒、真菌、寄生虫等。每种传染病都有其特异的病原体，每种传染病的病原体都不一样。该特征是传染病与非传染病的根本区别。

2. 有传染性与流行性

传染病的病原体可以由人或动物经过一定的途径，直接或间接地传染给他人。当病原体的传染力超过人群普遍的免疫力时，就可以在一定的地区、一定的时间引起广泛的流行。

3. 病程发展有一定的规律性

从病原体入侵机体至病情恢复，一般要经历四个阶段：首先是潜伏期，患者无明显症状；然后是前驱期，前驱期患者已具有传染性；再次是症状明显期，患者逐渐表现出所患传染病的特有症状；最后是恢复期，患者逐步恢复正常状态。

4. 有免疫性

传染病痊愈后，人体对该传染病有了抵抗能力，产生不感受性，即免疫性。人体在感染某些传染病并痊愈后，可获终生免疫，如麻疹、水痘、流行性腮腺炎等。而人体在感染某些传染病，并痊愈后，只能获短暂性免疫，如流行性感冒。

（二）传染病的发生和流行环节

传染病的发生和流行必须具备三个基本环节：传染源、传播途径和易感者。传染病的发生和流行，一定要经过这三个环节，缺乏三个中的任何一个环节，传染病就不会发生。

1. 传染源

传染源是指体内有病原体生长、繁殖并能排出病原体的人或动物，包括以下三类：

（1）患者。患者是指感染了病原体，并表现出一定症状的患者。患者是主要的传染源。患者排出病原体的整个时期叫传染期。

（2）病原携带者。病原携带者是指无症状而能排出病原体的人或动物，包括健康携带者、潜伏期携带者和病后携带者三种类型。

（3）受感染的动物。受感染的动物是由受感染的动物所传播的疾病称为人畜共患病，包括狂犬病、流行性乙型脑炎等。

技能高考

判断：传染源指的是受感染的人。　　　　　　　　　　　　　　　　　　（　　）

2. 传播途径

病原体从传染源体内排出后到传给他人体内所经过的路线，称为传播途径。传染病的主要传播途径有以下6种：

（1）呼吸道传播。病原体由患者的口、鼻处排出，以空气为媒介，再经他人的呼吸道吸入引起传播的方式。常见的由呼吸道传播的传染病有流行性腮腺炎、水痘、麻疹、百日咳、流行性感冒等。

（2）消化道传播。病原体通过污染食物和饮水而经消化道传播的方式。常见的由消化道传播的传染病有甲型肝炎、细菌性痢疾等。

（3）虫媒传播。病原体通过媒介昆虫（如蚊、白蛉、蚤、虱等）直接或间接地传入易感者体内的传播方式。经虫媒传播的疾病主要有流行性乙型脑炎、疟疾等。

（4）日常生活接触传播。病原体随同患者或病原携带者的排泄物或分泌物排出体外以后，可污染周围的日常用品，如毛巾、衣被、玩具、食具等。在这些物品上的病原体再通过人的手或其他方式传播到易感者的口、鼻或皮肤上，而使之感染。例如，公用毛巾、脸盆可传播急性结膜炎、沙眼；公用餐具可传播结核病、肝炎等。

（5）医源性传播。医源性传播是指由医务人员在检查、治疗和预防疾病或在实验室操作过程中因不规范操作所造成的病原体传播。

（6）母婴传播。孕妇分娩前和分娩过程中，其体内的病原体传给子代的传播方式，包括经胎盘传播、上行性传播和分娩时传播。

3. 易感者

易感者是指对某种传染病缺乏特异性免疫力，被传染后容易发病的人。人群中对某种传染病的易感者越多，越容易发生该传染病的流行。

（三）传染病的预防措施

传染病的预防应该针对传染病发生和流行的特点，对传染病发生和流行的三个环节采取综合性的预防措施。

1. 控制传染源

（1）早发现患儿。多数传染病在疾病早期传染性最强，因此，及早发现患儿是防止传染病流行的重要措施。例如，新生入园前必须进行健康检查，凡传染病患儿、接触者暂不接收；工作人员参加工作前必须进行健康检查，经医疗保健机构证明健康合格者，可参加工作；入园后，无论是幼儿还是工作人员都应定期进行健康检查；一定要认真做好幼儿每日晨间检查及全日观察。

（2）早隔离患儿。一旦发现处于传染期的患儿，应尽早将其隔离，限制其活动范围，避免与无关人员的接触。幼儿园可根据自己的条件建立隔离室，将传染患儿及可疑传染病患儿尽早隔离和个别照顾。

（3）对传染病的接触者进行检疫。凡与传染源有密切接触的健康人要进行检疫，从接触患者后至该病的最长潜伏期为检疫期限。某幼儿一旦被发现患传染病，同班的幼儿就是接触者，因各种原因与患儿有过接触的其他人也是接触者。检疫的目的是尽可能缩小传染病传染的范围，并尽早发现患儿。

2. 切断传播途径

（1）切断传播途径的常规措施有注意环境卫生、饮食卫生和个人卫生。教育幼儿养成良好的个人卫生习惯；经常开窗通风，保持室内空气新鲜；注意饮食卫生和炊事用具、餐具的消毒；做好日常消毒工作。

（2）发现传染患儿后进行有针对性的预防工作。传染病发生后，对传染病患儿所接触过的环境进行彻底的消毒。消毒进行得越早、越彻底，防疫的效果就越好。

3. 提高易感者的抵抗力

免疫是指人体对某种传染病所具有的抵抗力。免疫可分为先天性免疫和特异性免疫两大类。特异性免疫分成自动免疫和被动免疫两种，自动免疫多用于预防，被动免疫多用于治疗。

（1）增强幼儿体质，提高幼儿免疫力。经常组织幼儿进行适当的体育锻炼和户外活动；平衡膳食；培养良好的生活卫生习惯；为幼儿创设良好的生活环境。

（2）预防接种，提高幼儿特异性免疫力。保护易感者最主要的措施是积极采用预防接种的方法，提高幼儿的特异性免疫力。预防接种又称人工免疫，是将疫苗通过适当的途径接种到人体内，使人体产生对该传染病的抵抗力，从而达到预防传染病的目的。根据不同年龄阶段幼儿的免疫特点和幼儿常见传染病的发病情况，有重点地选择数种对幼儿威胁较大的传染病预防疫苗（全国统一的计划免疫疫苗有卡介苗、乙肝疫苗、脊髓灰质炎疫苗、百白破疫苗、麻疹疫苗、乙脑疫苗等），并按照规定程序接种到幼儿体内，使其获得对这些传染病的免疫力。

拓展阅读

法定传染病

《中华人民共和国传染病防治法》规定，传染病分为甲类、乙类和丙类：

（1）甲类传染病是指：鼠疫、霍乱。

（2）乙类传染病比较多，主要有：新型冠状病毒肺炎、传染性非典型肺炎、艾滋病、病毒性肝炎、脊髓灰质炎、人感染高致病性禽流感、麻疹、流行性出血热、狂犬病、流行性乙型脑炎、登革热、炭疽、细菌性和阿米巴性痢疾、肺结核、伤寒和副伤寒、流行性脑脊髓膜炎、百日咳、白喉、新生儿破伤风、猩红热、布鲁氏菌病、淋病、梅毒、钩端螺旋体病、血吸虫病、疟疾。

（3）丙类传染病主要有：流行性感冒、流行性腮腺炎、风疹、急性出血性结膜炎、麻风病、流行性和地方性斑疹伤寒、黑热病、棘球蚴病、丝虫病，除霍乱、细菌性和阿米巴性痢疾、伤寒和副伤寒以外的感染性腹泻病。

二、幼儿常见病毒性传染病及其预防

（一）流行性感冒

1. 流行特点

流行性感冒（简称流感）是由流感病毒引起的呼吸道传染病，传染性强，多在冬末、春初流行。

2. 传播途径

流感病毒多经飞沫直接传播，飞沫污染手、用具等也可造成间接传染。

3. 主要症状

流感病毒潜伏期为 1~3 日，症状主要表现为头痛、咽痛、高热、乏力、寒战、肌痛，伴有咳嗽、气喘等症状，少数病例有腹泻，大便呈水样。

4. 预防

①加强锻炼，增强体质；加强营养，提高免疫力。

②多晒太阳，多参加户外活动。

5. 护理

①卧床休息，多通风，保持室内空气清新。

②饮食以清淡、易消化食物为主，多喝水。

（二）禽流感

1. 流行特点

禽流感是由禽流感病毒所引起的一种主要流行于鸡群中的烈性传染病，也能感染人类，通常人感染禽流感的死亡率约为33%。

2. 传播途径

禽流感病毒主要通过呼吸道传播，也可以通过密切接触感染禽流感病毒的禽类及其分泌物、排泄物等传播，目前没有明确的证据表明该病毒可在人与人之间传播。

3. 主要症状

禽流感的潜伏期约为一周，主要表现与流感症状相似，有鼻塞、流涕、咽痛、咳嗽、发热等症状，体温保持在39℃以上，多数伴有严重的肺炎，严重时会出现心、肾等器官衰竭导致死亡。

4. 预防

①远离禽类及其分泌物，特别注意避免直接接触病（死）禽。

②养成良好的卫生习惯，增强体质，提高免疫力。

5. 护理

① 发病后要卧床休息，饮食以清淡、易消化食物为主。

② 及时送医治疗。

（三）流行性腮腺炎

1. 流行特点

流行性腮腺炎是由腮腺炎病毒引起的急性自限性呼吸道传染病，传染性较强，多发生于冬季和春季。易感者多为 2 岁以上幼儿。

2. 传播途径

腮腺炎病毒主要经飞沫传播，也可经碗、筷等接触传染。

3. 主要症状

腮腺炎病毒的潜伏期通常为 14~25 日，平均为 18 日。症状是起病急，可有发烧、畏寒、头痛、食欲不振等出现。先是一侧腮腺无化脓性肿大，过两日后，另一侧腮腺也出现类似症状，有痛感，吃酸性食物时疼痛更甚，腮腺肿大时以耳垂为中心向边缘扩散，边缘肿胀不清晰。

4. 预防

接种流行性腮腺炎活疫苗。

5. 护理

① 卧床休息，常用盐开水漱口以保持口腔清洁；饮食以流食、半流食为主，避免酸辣食物。

② 腮腺疼痛时可进行热敷、理疗等方法进行缓解。

（四）流行性乙型脑炎

1. 流行特点

流行性乙型脑炎简称乙脑，是由乙型脑炎病毒引起的中枢神经系统急性传染病，经蚊虫叮咬传播，流行于夏秋季。

2. 传播途径

通过蚊虫为媒介传播，即蚊虫对体内带有乙型脑炎病毒的患儿或动物叮咬后，再叮咬健康人时，就把乙型脑炎病毒传给了人。

3. 主要症状

流行性乙型脑炎潜伏期为 4~21 日，一般为 10~14 日，大多数患者没有症状或症状轻微。起病的 1~2 日后，患儿出现发热、剧烈头痛、惊厥、神志不清或昏睡、肢体强直或瘫痪等症状；2~3 日后体温可达 40℃以上；5~6 日后，体温逐渐下降至正常，患者也逐渐清醒。一般在 2 周左右可完全恢复。

4. 预防

夏、秋季灭蚊是预防乙型脑炎病毒及控制其流行的关键，注射乙型脑炎灭活病毒疫苗是有效的预防措施。

5. 护理

① 卧床休息，饮食以流食、半流食为主，多饮水。

② 密切观察患者的生命特征，包括血压、脉搏、体温、意识的状况。

技能高考

判断：乙型脑炎病毒通过飞沫传染疾病。　　　　　　　　　　　　　　　　（　　）

（五）麻疹

1. 流行特点

麻疹是由麻疹病毒引起的急性呼吸道传染病，其传染性很强，临床上以发热、上呼吸道炎症、麻疹黏膜斑（科氏斑）及全身斑丘疹为特征。

2. 传播途径

麻疹病毒主要通过呼吸道传染。经口腔、鼻腔、咽部等侵入到易感者的体内，另外也可以通过经污染病毒的手传染给密切接触者。

3. 主要症状

麻疹病毒的潜伏期为 10~19 日，幼儿发病初期有疑似感冒症状（发热、咳嗽、流涕等），2~3 日后口腔内颊有科氏斑（颊黏膜或唇内侧发现 0.5~1 毫米直径大小的小白点，周围绕以红晕）出现，第 4 日皮肤开始出现玫瑰色斑丘疹，疹子从颈部、耳后向肢端发展，出疹期间有发热，疹子消退后会留下褐斑，2~3 周后褐斑消失。

4. 预防

注射麻疹灭活疫苗。

5. 护理

① 发病时要卧床休息，注意卧室通风；饮食以流食为主，多吃蛋白质和维生素含量高的食物。

② 幼儿注意卫生，防止感染。

③ 发热时可采取物理降温措施。

（六）风疹

1. 流行特点

风疹是由风疹病毒引起的出疹性传染疾病，临床上表现为轻度的上呼吸道炎症、低热、皮疹和耳后、枕部淋巴结肿大。

2. 传播途径

风疹的传播途径主要有呼吸道传播、密切接触传播、母婴传播。

3. 主要症状

风疹患儿发病初期表现为轻微疑似感冒症状（发热、咳嗽等），体温多在 39 ℃以下，1~2 日后出现皮疹，皮疹从面部、颈部开始，24 小时内可蔓延至全身，手掌、足底一般没有皮疹。皮疹一般在 3 日内消退，不留痕迹。发疹期间，患儿有耳后和枕部淋巴结肿大的症状。

4. 预防

接种风疹活疫苗。

5. 护理

① 卧床休息，室内要经常通风，食用流质或半流质食物。

② 勤换内衣、床单，保持皮肤清洁。

③ 发病期皮肤瘙痒，可擦炉甘石止痒。

④ 剪短患者指甲，防止抓破疱疹造成继发性感染。

（七）水痘

1. 流行特点

水痘是由水痘—带状疱疹病毒引起的急性呼吸道传染病。病毒存在于患者呼吸道分泌物及疱疹的浆液中，从患儿发病之日起到疱疹全部干燥结痂期间都有传染性，传染性极强。水痘的高发场所是幼儿园、中小学等集体场所，高发季节是冬春季。

2. 传播途径

水痘—带状疱疹病毒的主要传播途径为飞沫传播，也可以通过患者的疱液或被疱液污染的物体传播。

3. 主要症状

水痘患儿发病即发烧，1~2 日后出现有向心性的疱疹，由头、面部延及躯干、四肢。疱疹初为红色的小点，1 日左右转为水疱，3~4 日后水疱干缩结成痂皮。干痂脱落后，皮肤上不留疤痕。发疹期多有发热、精神不安、食欲不振等全身症状。病后 1 周内，由于新的疱疹陆续出现，陈旧的疱疹已结痂，也有的正处在水疱的阶段，所以患儿皮肤上可见到三种疱疹，分别是红色小点、水疱、结痂。出疹期间，皮肤刺痒。

4. 预防

接种水痘活疫苗。

5. 护理

① 卧床休息，室内要经常通风。

② 勤换内衣、床单，保持皮肤清洁。

③ 发病期皮肤瘙痒，可擦炉甘石止痒。

④ 剪短患儿指甲，防止抓破水疱增加传染概率。

（八）手足口病

1. 流行特点

手足口病是由柯萨奇病毒 A 组、肠道病毒 71 型引起的发疹性传染病。在患者的水疱液、咽分泌物及粪便中均可带有病毒。手足口病在夏季最容易流行，多发生于 5 岁以下幼儿。少数患儿可引起心肌炎、肺水肿、无菌性脑膜脑炎等并发症。个别重症患儿如果病情发展快，可导致死亡。

2. 传播途径

手足口病的主要传播途径有呼吸道飞沫传播，以及接触被病毒污染的食物、用具传播。

3. 主要症状

手足口病的潜伏期一般为 2~7 日，起病初期表现为感冒症状（发烧、咽痛、咳嗽等）。随后，口腔黏膜出现疱疹，手心、足心和臀部出现米粒大小的斑丘疹，该疹子"四不像"：不像蚊虫叮咬，不像药物疹，不像口、唇、牙龈疱疹，不像水痘。后期，手心、足心和臀部的斑丘疹转为疱疹，口腔疱疹破溃有痛感，幼儿可能会拒绝进食。患者一般一周后可痊愈，疱疹消退后无色素沉着，不留瘢痕。

4. 预防

① 不吃生冷食物，不喝生水，勤洗手，勤换衣服。

②疾病流行季节不去人群集中的地方。

③可进行手足口病疫苗的接种。

5.护理

①卧床休息，注意室内通风。

②饮食宜清淡，吃易消化的流食、半流食；注意口腔卫生，饭前、饭后用盐水漱口。

③发热患儿要采用物理降温措施，防止高热惊厥。

④保持皮肤清洁，防止皮疹破溃。

（九）狂犬病

1.流行特点

狂犬病又称恐水病，是由狂犬病毒引起，以侵犯中枢神经系统为主，是人兽共患的传染病。

2.传播途径

狂犬病毒主要通过病犬唾液，以咬伤的方式传染给人，迄今为止，一旦感染狂犬病，病死率高达百分之百。

3.主要症状

狂犬病的潜伏期长短不一，大部分人在3个月内发病，但有些人的潜伏期可以长达10年以上。病起时有咽痛、头痛、乏力、低热等症状，之后狂躁，咽喉肌反射性痉挛而害怕饮水，最后死于呼吸循环系统衰竭。

4.预防

对家养宠物进行免疫接种。

5.护理

①若被猫或狗咬伤，应立即用清水或肥皂水清洗伤口。

②及时就医，被抓咬当天就要注射狂犬病疫苗，受伤严重者直接注射抗狂犬病血清。

（十）病毒性肝炎

1.流行特点

病毒性肝炎是由多种不同肝炎病毒引起的传染病。该病目前至少可分为甲、乙、丙、丁、戊、己型肝炎等。其中，常见的是甲型肝炎和乙型肝炎。

2.传播途径

（1）甲型肝炎病毒(HAV)主要通过消化道传播。患者粪便直接或间接污染食物、饮水，经消化道造成传播。

（2）乙型肝炎病毒(HBV)主要通过患者的血液、唾液、鼻涕、粪便、乳汁等传播。此外，乙型肝炎病毒也可通过母婴传播。

3.主要症状

甲型肝炎患者的症状主要有食欲减退、恶心、乏力等症状，厌油腻食物。乙型肝炎患者的症状主要有食欲减退、恶心、乏力等症状，厌油腻食物，并伴有肝区疼痛。

4.预防

（1）甲型肝炎的预防。

① 注意个人卫生，讲究饮食卫生，做好日常消毒，防止病从口入。

② 严格执行隔离制度，隔离45日以上，做好接触者的检疫工作。

③ 通过注射甲型肝炎疫苗来预防。

（2）乙型肝炎的预防。

接种乙型肝炎疫苗。水杯、牙具、餐具等应专人专用。保教人员、炊事人员要定期进行体检。避免母婴传播。

5. 护理

（1）甲型肝炎的护理

① 卧床休息，积极治疗。

② 少吃油腻食物，适量进食蛋白质和碳水化合物含量丰富的食物，多吃新鲜蔬果。

（2）乙型肝炎的护理

护理方法与甲型肝炎相同，定期检查乙型肝炎的抗原和抗体。

三、幼儿常见细菌性传染病及其症状

（一）细菌性痢疾

1. 流行特点

细菌性痢疾是由痢疾杆菌引起的肠道传染病，该病菌存在于患儿的肠道中，随粪便排出体外。此病多发生于夏秋季。

2. 传播途径

患儿及带菌者的粪便污染了水、食物后，经手、口造成传染。

3. 主要症状

发病急，发热、腹痛、腹泻。一日腹泻十次或数十次，主要特征为脓血便和有明显的里急后重感（总有便意和排不净的感觉）。极少数患儿可有高热、面色灰白、四肢冷、惊厥等症状。

4. 预防

① 加强卫生宣传教育，培养幼儿饭前便后洗手、不饮生水、不吃不洁净的变质食物的卫生习惯。

② 做好水源及饮食卫生管理。

③ 做好灭蝇工作。

5. 护理

① 卧床休息，饮食清淡、有营养，以流食、半流食食物为主，切忌油腻、刺激性食物。

② 坐便时间不能过长，便后清洗肛门。

③ 按时用药，及时就医。

（二）急性细菌性结膜炎

1. 流行特点

急性细菌性结膜炎俗称红眼病，由细菌感染引起，患儿的眼泪、眼屎中有大量的细菌，是传染性极强的急性眼病，易于流行，多见于春秋季节。

2. 传播途径

急性细菌性结膜炎主要通过日常生活接触传播。患儿用过的毛巾、洗脸水，患者揉眼后用手摸过的东西，如门把手、水龙头、玩具等，均可带上细菌。健康人与患儿共用毛巾、洗脸水，或使用患者摸过的东西，又用手揉眼睛，均可被传染。

3. 主要症状

急性细菌性结膜炎潜伏期约为 24 小时，最短为 14 小时，甚或 1~2 小时。发病后，患儿眼睛有异物感或烧灼感，畏光、流泪。急性细菌性结膜炎一般有脓性及黏性分泌物，早上醒来时上下眼睑被黏住。

4. 预防

① 注意卫生，避免直接用手或者脏东西直接接触眼部。

② 不与患者共用毛巾、用具等物品。

5. 护理

切忌将眼睛包扎，以免分泌物无法排出。用生理盐水洗眼睛，用流水洗脸，不用手揉眼睛，及时就医。

（三）流行性脑脊髓膜炎

1. 流行特点

流行性脑脊髓膜炎，简称流脑，是由脑膜炎奈瑟菌引起的急性传染病，常发生于冬春季，暴发型流行性脑脊髓膜炎的病情凶险，病死率高。

2. 传播途径

病菌存在于患儿的鼻咽部，主要经飞沫传播。

3. 主要症状

流行性脑脊髓膜炎起病急，患者病初症状类似感冒，高热、呕吐、剧烈头痛、全身疼痛，面色灰白，发病后迅速出现出血性皮疹，频繁呕吐，颈部僵硬，神志恍惚，嗜睡昏迷。

4. 预防

早发现、早隔离患儿，对密切接触者进行检疫。患者的房间要通风、换气、消毒。接种流行性脑脊髓膜炎疫苗。冬春季，尽量少去人多的公共场所。

5. 护理

① 身边如有发热、头痛、食欲不振、恶心、呕吐及上呼吸道症状患儿，需注意戴口罩，减少接触感染的机会。

② 防止患儿惊厥时咬伤舌头。

（四）百日咳

1. 流行特点

百日咳是由百日咳杆菌引起的，一般情况下多数患者是幼儿。若是成人感染了百日咳杆菌后，其症状会比较轻，表现为慢性的咳嗽。

2. 传播途径

感染者是唯一的传染源。一般是通过咳嗽或咳痰传播百日咳杆菌，病程长达 2~3 个月。

3. 主要症状

百日咳的特征为阵发性痉挛性咳嗽。百日咳病初症状与上呼吸道感染症状相似，10 日后出现典型的阵发性咳嗽，表现为成串的、紧接不断地咳嗽，阵咳终末有深长的鸡啼样吸气声。

4. 预防

切断传染源，保护易感幼儿。接种百日咳疫苗。

5. 护理

① 保证室内空气新鲜，控制诱发咳嗽的因素。

② 患儿须少吃多餐。

③ 要有专人护理，防止患者吸入呕吐物导致窒息死亡。

（五）猩红热

1. 流行特点

猩红热是由 A 组 β 型溶血性链球菌引起的急性呼吸道传染病。

2. 传播途径

猩红热的主要传播途径包括呼吸道飞沫传播或直接、间接的接触传播。

3. 主要症状

猩红热患儿均有发热，多在病后 24 小时出现皮疹，皮疹由耳后及颈部延至全身。皮疹为弥漫性针尖大小红点，似寒冷时的"鸡皮疙瘩"，抚摸有砂纸感。腋下、腹股沟、肘部、臀部等处皮疹密集，形成一条条横线状皮疹。脸部两颊发红，但口唇周围明显苍白。

4. 预防

应及时将患儿隔离。

5. 护理

患儿应卧床休息，防止继发感染。

（六）脓疱疮

1. 流行特点

脓疱疮属于皮肤病，是因为受到了细菌感染导致的，俗称黄水疮，易在幼儿中流行，夏秋季高发。

2. 传播途径

脓疱疮患者的皮疹分泌物中含有大量的致病菌，接触该分泌物就有可能被传染。

3. 主要症状

脓疱疮可发生在面部、嘴唇四周、躯干等部位，初期为红色斑点，1~2 日内迅速扩大成水疱，疱疹发展成脓疱，脓液中含大量细菌，感染性极强，可引发淋巴肿大，白细胞增多。脓疱疮病变部位较浅，愈后一般不留瘢痕。

4. 预防

剪短指甲，注意个人卫生，保持皮肤清洁。

5. 护理

保持病变部位的清洁；衣服、被褥得要消毒；隔离患儿，防止传染。

4 岁的宝宝口腔黏膜出现疱疹，手心、足心和臀部出现米粒大小的斑丘疹。

该宝宝得了什么病？假如你是老师，应该怎么做？

请与同学分组讨论常见的幼儿传染病及预防措施。

任务 2 幼儿常见非传染性疾病及其预防

------------------------------ ● 案例导入 ● ------------------------------

毛毛今年 1 岁了，毛毛妈妈发现毛毛最近睡觉总是惊醒且多汗，常常湿透枕巾，并哭闹不止。毛毛是早产儿，因为没有母乳，所以一直采取奶粉喂养，至今尚未添加辅食。毛毛的颅后有枕秃现象，前囟 1.5 厘米 ×1.5 厘米，胸廓肋缘外翻，脊柱四肢无畸形。

毛毛可能患的疾病是什么？病因是什么？该如何预防呢？

一、呼吸道疾病

（一）上呼吸道感染

1. 病因

上呼吸道感染是鼻腔、咽或喉部急性炎症的总称，上呼吸道感染的常见病原体为病毒，其次为细菌，四季常发病。

2. 症状

（1）上呼吸道感染根据病因和疾病的类型的不同，症状有各自不同的表现，可有鼻塞、流鼻涕、打喷嚏、咳嗽、乏力，以及发热，一般经 3~4 日可自愈。年龄较小的幼儿（3 岁以下）可出现高热、精神不振、食欲减退、呕吐、腹泻等症状，病程为 1~2 日或 10 余日不等，有的可因高热出现惊厥。

（2）可能引发并发症，如急性化脓性中耳炎、淋巴结炎、气管炎、支气管炎等。

3. 预防及护理

（1）合理安排饮食，加强体育锻炼，增强幼儿体质。

（2）组织幼儿进行合理的户外活动，适时增减衣物。

（3）幼儿活动室及卧室应经常通风，保持空气新鲜。

（4）冬春季不去人口聚集的公共场所。

（5）注意幼儿鼻咽部的清洁和护理。

（二）小儿肺炎

1. 病因

小儿肺炎是由病原体（如细菌、病毒等）及其他因素（如吸入羊水、胎粪等）所引起的肺部感染，冬春季发病率高。

2. 症状

小儿肺炎典型症状是发热、咳嗽、气促和呼吸困难，也有不发热而咳喘严重患儿。

3.预防及护理

（1）室内通风换气，保持室内空气新鲜，温度、湿度适宜。

（2）加强体育锻炼，增强幼儿抵抗力。

（3）随天气变化增减衣物，避免接触感染源。

（4）预防佝偻病、贫血、麻疹、百日咳等疾病。

（5）为幼儿提供营养、清淡、易消化的饮食，保证其充足的维生素摄入。

（三）急性扁桃体炎

1.病因

正常幼儿的咽部或扁桃体隐窝内可能存在某些病原体，在身体抵抗力低时，病原体侵入扁桃体出现炎症反应。

2.症状

急性扁桃体炎的主要症状有发热、咽痛，可见扁桃体充血、肿大，有脓样物者称化脓性扁桃体炎。急性扁桃体炎反复发作可导致慢性扁桃体炎。

3.预防及护理

（1）加强锻炼，多进行户外活动，增强体质。

（2）急性扁桃体炎的患儿要保持口腔的清洁，每日睡前要刷牙，饭后需要漱口，减少口腔内细菌感染的机会，可用淡盐水漱口。

（3）饮食要清淡，不要吃辛辣、刺激性的食物，也不要吃油腻的食物，多喝水，加强营养，保持房间通风换气。

二、消化道疾病

（一）腹泻

1.病因

（1）感染因素。因进食被细菌、病毒、霉菌污染的食物，引起胃肠道感染，夏秋季多见。

（2）非感染性因素。因不当的饮食导致腹泻，如食用过量的冷饮。

2.症状

（1）病情较轻的患儿，一日泻数次至十余次，大便呈黄绿色，稀糊状或蛋花汤样，体温正常或低热，食欲稍差。

（2）病情较重的患儿多因肠道内感染所致。起病急，一日泻十至数十次、呈水样便，有时出现便血，精神极差，食欲减退，尿量减少或无尿，伴有频繁呕吐，严重时会危及生命。

3.预防及护理

（1）要做好日常饮食卫生工作和餐具的消毒工作。

（2）合理喂养幼儿，注意不暴饮暴食。

（3）要悉心照料幼儿，避免其腹部着凉。

（4）每次患儿腹泻后，要洗净患儿臀部。

（5）当发现腹泻患儿时，应及时就医。

三、营养疾病

（一）儿童肥胖症

体内脂肪积聚过多，体重超过标准体重的 20% 即为肥胖。超过标准体重的 20%~30% 为轻度肥胖，超过标准体重的 30%~50% 为中度肥胖，超过标准体重的 50% 为重度肥胖。

1. 病因

（1）多食少动。幼儿进食过多，或饮食热量过高，每日摄入的热量已大大超过他们的消耗量。有的幼儿平时不爱运动，运动量很小，不能及时消耗掉过多的热量，饮食与运动不能达到热量的收、支平衡，剩余的热量就转化为脂肪存于人体的皮下组织中，这种由于进食多、运动少导致的肥胖，称为单纯性肥胖症。

（2）遗传。双亲肥胖者，其子女也容易成为肥胖体型。

（3）心理因素。受到精神创伤或心理状态异常的幼儿可有异常的食欲，导致肥胖症。

2. 症状

食欲旺盛、食量超常，偏食，喜甜食和油炸类食品，身体肥硕，运动量少，懒动，喜卧，嗜睡。脂肪呈全身性分布，以腹部最为显著。

3. 预防及护理

（1）控制饮食，主要是控制谷物类和脂肪类食物的摄入量。对肥胖症患儿要控制饮食，少吃零食；少吃或不吃高糖、高脂肪食物，应以蔬菜、水果、粮食为主，加适量的肉类、鱼类和豆类，逐渐减少进食量，直至正常饮食。

（2）改变饮食习惯，合理营养，平衡膳食，每日以粗粮、新鲜蔬果为主。

（3）坚持锻炼，增加运动量。培养幼儿对运动的兴趣，坚持每天适当的运动，让机体摄入的和消耗的热量处在一个动态的平衡之中。让肥胖症患儿多活动，增加运动量，消耗体内多余的脂肪。

（4）对心理出现异常的幼儿要及时采取应对措施。

（二）佝偻病

佝偻病是 3 岁以下幼儿的常见病。由于机体缺乏促进骨骼钙化的维生素 D 而使骨发育出现障碍，严重者产生骨畸形。佝偻病患儿发育缓慢、抵抗力弱，易患肺炎、上呼吸道感染等疾病。

1. 病因

（1）日照不足。幼儿在户外活动的时间少就会因紫外线照射不足使机体缺乏维生素 D。此外，紫外线可被大气中的粉尘及玻璃吸收，故空气污染严重的地区以及隔着窗户晒太阳都会影响机体中维生素 D 的合成。

（2）生长发育过快。生长过快的幼儿容易缺乏维生素 D。

（3）疾病的影响。长期慢性腹泻的幼儿对维生素 D 在体内转化和吸收的能力都不足。

2. 症状

（1）早期症状。幼儿多表现为睡眠不安、常有夜惊。头部多汗，且多汗与冷暖无关。因头皮发痒，幼儿在枕头上蹭来蹭去，使枕部头发脱落，称为"枕秃"。

（2）骨骼的改变。病情进一步发展，幼儿出现不同程度的骨骼畸形。

（3）动作发育迟缓。坐、站立、行走均比正常幼儿发育慢，动作迟缓不灵活，条件反射形成迟缓等。

3. 预防及护理

（1）经常进行户外活动，勤晒太阳。

（2）积极治疗幼儿胃肠疾病，以保证机体对维生素 D 的吸收。

（3）按照医生要求，合理补充维生素 D 制剂及钙剂。

（三）缺铁性贫血

缺铁性贫血是由于缺乏合成血红蛋白的铁及蛋白质，使血液中血红蛋白的浓度低于正常值。缺铁性贫血是最常见的贫血类型。

1. 病因

（1）先天不足。如早产、双胎等易造成体内储存的铁少，且出生后发育迅速而出现缺铁性贫血。

（2）饮食缺铁。长期以乳类为主食，以及严重偏食、挑食可导致铁的缺乏。

（3）生长发育过快。生长过快的幼儿可较早将体内储存的铁耗尽。

（4）受疾病影响。如长期腹泻，可使机体对铁、蛋白质等营养物质吸收利用差；长期少量失血，如钩虫病、鼻出血等，使体内铁丢失过多，也可造成缺铁性贫血。

2. 症状

（1）轻度缺铁性贫血表现为面色苍白、口唇、指甲床缺少血色。

（2）严重缺铁性贫血时还会出现缺氧、呼吸、脉搏较快，活动后感到心慌、气促，精神萎靡，可有食欲不振或异食癖。

（3）长期缺铁性贫血使机体缺氧，不仅严重影响幼儿的生长发育，还影响幼儿的智力发展。

3. 预防及护理

（1）合理饮食，注意逐渐增加含铁丰富的食物，如蛋黄、肉末、动物血、肝脏等。

（2）纠正幼儿挑食、偏食的习惯。

（3）用铁制炊具烹调食物有利于预防缺铁性贫血。

（4）按照医生要求，适当服用补铁药物。

四、五官疾病

（一）龋齿

龋齿是幼儿最常见的牙病，龋齿俗称"虫牙"，是牙齿硬组织逐渐被破坏的一种慢性细菌性疾病。幼儿会因牙痛而影响食欲、咀嚼，进而影响对食物的消化、吸收和生长发育，同时还会引起牙髓炎、齿槽脓肿等并发症。世界卫生组织已将龋齿列为仅次于癌症和心血管疾病的第三大非传染性疾病。

1. 病因

（1）残留在口腔中的食物残渣在乳酸杆菌的作用下发酵产生酸性物质，产生的酸性物质会侵蚀牙齿，造成排列不齐、发育不良的牙齿，从而形成龋齿。

（2）牙齿的点、隙、裂、沟等薄弱处易生龋齿；发育不良、钙化不良和位置不正的牙齿，也易生龋齿。幼儿乳牙牙釉质薄，牙本质松脆，更容易生龋齿。

2. 症状

（1）浅层龋：牙釉质不光滑，色泽灰暗，容易堆积牙垢，没有疼痛感。

（2）中层龋：牙本质浅层形成洞，病牙对冷、热、酸、甜等刺激敏感，会感到疼痛。

（3）深层龋：龋洞扩大到牙髓，会经常发生剧痛，还可并发牙髓炎。

（4）牙根炎：有牙髓炎，可出现剧烈疼痛、肿胀等症状。

（5）根尖炎：只留下残根，严重影响口腔咀嚼。

3. 预防及护理

（1）注意口腔卫生，控制幼儿的甜食摄入量，多吃纤维素含量丰富的食物。

（2）定期检查牙齿，至少每半年检查一次牙齿，以便及时发现问题，及时矫治。

（3）培养幼儿早晚刷牙，饭后漱口的习惯。从 3 岁开始即应养成良好的刷牙习惯。

（4）多晒太阳，补充维生素 D 制剂和钙剂。

（5）纠正幼儿吸吮手指、咬铅笔等不良习惯。

_____已被世界卫生组织列为仅次于癌症和心血管疾病的第三大非传染性疾病。（　　）

A. 龋齿　　　　　B. 小儿肺炎　　　　　C 高血压　　　　　D. 心脏病

（二）弱视

弱视属于幼儿视觉发育障碍性疾病。弱视是指视力达不到正常标准，又检查不出影响视力的明显病因，验光配镜也得不到矫正。弱视治疗，年龄越小（最好在学龄前治疗）则疗效越好。

1. 病因

（1）先天性弱视。先天性弱视是先天因素导致的弱视，发病原因尚不清楚。

（2）斜视性弱视。斜视性弱视是指眼睛在注视某一方向时，仅一眼视轴指向目标，而另一眼视轴偏离目标，表现为两眼的黑眼珠位置不匀称。由于斜视，而出现复视（双影），为排除这种视觉现象，大脑就抑制来自偏斜眼的刺激，偏斜眼逐渐形成弱视。

（3）屈光参差性弱视。两眼的屈光状态在性质与（或）程度上有显著差异（两眼屈光度数不等）。

（4）形觉剥夺性弱视。由于某种原因，某只眼因缺少光刺激，视觉发育停顿。

2. 症状

幼儿看东西时歪头、眯眼，部分幼儿的空间立体视觉发育不全甚至缺失，无法分辨物体的远近、深浅等，难以完成精细的动作。

3. 预防及护理

（1）弱视的治疗愈早愈好。因此，早期发现、早期治疗，是恢复正常视觉功能的关键。

（2）定期检查幼儿视力，每半年检查一次。应定期给幼儿检查视力，并在生活中悉心观察幼儿的行为，尽早发现幼儿视觉障碍的表现，例如，幼儿经常偏着头视物或有斜视时，应及时就医。

五、皮肤病

1.病因

在高温环境下，人体分泌大量汗液，却不能正常通过角质层排出体外，被淤积在表皮角质层，甚至真皮浅层，出不来的汗液胀破汗腺导管，汗渗到周围组织形成痱子。

2.症状

痱子的症状表现为针尖至粟粒大的红色丘疹，好发于前额、腘窝、胸、颈、腰、背等处，成片状分布，瘙痒，部分有灼热感。

3.预防及护理

（1）保持室内清凉，注意通风，防暑降温。

（2）勤洗澡，勤换衣服。

（3）注意皮肤清洁卫生。

六、寄生虫

（一）蛔虫病

蛔虫病是由蛔虫寄生于人体小肠所发生的疾病，人体对蛔虫普遍易感，幼儿的发病率高于成人。

1.病因

蛔虫成虫长 15~20 厘米，色淡红，形似圆筷，寿命一年左右。雌性蛔虫产卵能力极强，每日产卵 20 余万个。幼儿在被蛔虫卵污染的泥土玩耍后吸吮手指或生吃未洗净的瓜果、蔬菜等，均可引起蛔虫病的发生。

2.症状

（1）营养不良，因大量蛔虫寄生于人体，导致消化不良、吸收障碍，表现为贫血、面黄肌瘦，生长发育迟缓。

（2）蛔虫排出的毒素会刺激神经系统，使幼儿睡眠不安，易惊醒，夜间磨牙。

（3）幼儿肚脐周围经常阵发性疼痛，片刻缓解，反复发作。

（4）影响食欲或有异食癖。

（5）蛔虫幼虫经过肺部时，可使肺部发生过敏性的反应，表现为发热、咳嗽、咳血或痰中带血丝等症状。

（6）蛔虫可引起许多并发症，如蛔虫扭结成团，阻塞肠道，造成肠梗阻；蛔虫有钻孔的习性，可引发胆道蛔虫病、急性胆道炎、急性阑尾炎等严重疾病。

3.预防及护理

（1）注意个人卫生和饮食卫生，勤洗手，不吃生冷食物，不在地上爬玩。

（2）注意环境卫生，不随地大便，粪便要无害化处理，消灭蛔虫卵。

（二）蛲虫病

蛲虫病是由蛲虫寄生于人体肠道引起的疾病，幼儿是主要易感人群。

1. 病因

蛲虫虫体细小，呈乳白色，成虫长约 1 厘米，似短线头，故称线头虫，寿命 1 个月左右。人是蛲虫唯一的终宿主，蛲虫感染者和蛲虫病患者是本病的传染源，主要经消化道传播。

2. 症状

（1）雌性蛲虫夜间在肛门周围产卵，使肛门及阴部奇痒为最显著的特征，造成幼儿睡眠不安、夜惊。

（2）因瘙痒抓破皮肤，可使肛门周围皮肤发炎。

（3）部分患儿可能出现食欲减退、消瘦、喜咬指甲、精神不振、遗尿等症状。

3. 预防及护理

（1）勤换内衣内裤，勤洗被单，勤晒被褥。

（2）注意个人卫生，餐前便后洗手，不吸吮手指，不吃生冷食物，不在地上爬玩。

2 岁的萌萌最近总是想用手抓屁股，不停地说痒。萌萌妈妈认为萌萌的屁股已经洗得很干净了，对萌萌的行为感到不解。

产生这种现象的原因是什么呢？如何进行护理？

请说一说幼儿常见疾病以及相应的预防措施。

任务3　幼儿常用护理技术

● 案例导入 ●

明明今年4岁了，早晨起床后发现他一只眼结膜充血并产生大量的黏液性分泌物，难以睁眼，伴有眼睑红肿、流泪或溢泪。家长立即带明明到医院检查，医生说明明患上了急性结膜炎。

当班上有幼儿患上急性结膜炎，需要遵医嘱滴眼药水，你知道怎么为幼儿滴眼药水吗？

一、生命体征测量

（一）测体温

幼儿的体温比成人略高，正常体温在36.5℃~37.4℃。

水银式体温计是一种较为准确的测量体温的工具，现以水银式体温计测量为例介绍测量体温的方法。首先，要检查体温计有无破损，水银柱有无断裂，保证测量的准确与安全。体温计可分口表、肛表、腋表等，3岁以下幼儿多用肛表测量体温，3岁以上幼儿常用腋表进行腋下测量。测量体温前，用酒精棉球从温度计的末端往上擦拭一遍进行消毒。然后，看看体温计的水银线是否在35℃以下，若不是，则要将体温计用力甩一下，让水银指针回归到35℃以下。测量体温时，检查幼儿腋下是否有流汗，若有，则要擦干，把体温计的水银端放在幼儿腋窝中间，让幼儿屈臂并夹紧体温计，过5分钟后取出，读数（水银指针指到哪一刻度即为所测量的温度）。

一般要在幼儿安静的状态下或进食30分钟后进行体温测量。

（二）测呼吸

幼儿的胸腔比较狭窄，肋间肌力量不大，主要靠膈肌上下运动来完成呼吸运动，可以通过幼儿腹部的起伏来观察。

幼儿每分钟呼吸次数约为24次，运动时的每分钟呼吸次数略高于24次。如果幼儿在安静时呼吸明显加快，喘气费劲，说明有呼吸系统问题或其他疾病。

（三）测脉搏

通过测量脉搏可以了解心脏搏动的情况。脉搏或心率会受到情绪、活动、温度等因素的影响，因此脉搏的测量应在幼儿安静的状态下进行。

新生儿的脉搏为每分钟120~140次；婴儿的脉搏为每分钟110~130次；幼儿的脉搏为每分钟100~120次。

（四）测血压

血压的高低可以帮助判断人体的心脏功能、血流量、血容量以及血管的舒缩功能等多项指标是否正常。

1~2岁幼儿的收缩压为85~105毫米汞柱，舒张压为40~50毫米汞柱；2~7岁幼儿的收缩压为 85~105 毫米汞柱，舒张压为 55~65 毫米汞柱。幼儿年龄越小，血压越低。

二、物理降温

高热是指体温超过 39℃。当幼儿体温达到高热时就应该采取降温措施了。常用的降温措施有药物降温和物理降温两种。药物降温包括吃退烧药、打退烧针；物理降温包括冷敷和酒精擦拭两种。物理降温适用于高热而循环系统良好的幼儿。对于幼儿来说，物理降温的方法更安全，可以单独使用或配合药物使用。

下面介绍常见的物理降温——冷敷的操作方法。将毛巾折叠数层，放在冷水中浸湿，拧成半干（以不滴水为适），敷在前额，每 5~10 分钟换一次。根据降温的不同需要，对颈部两侧、腋窝、肘窝、腹股沟等大血管流经处冷敷，以达到降温的目的。若冷敷时，幼儿出现发冷、寒战、面色发灰等情况应停止冷敷。进行物理性降温时要注意避风，在寒冷季节更要注意预防幼儿受凉。

三、热敷

热敷具有扩张血管、加速血液循环、促进新陈代谢、消肿消炎的作用。热敷的操作方法是将 60~80℃的水注入热水袋中，用毛巾包裹后置于患处；还可以将毛巾在热水中浸湿，拧干后敷于患处。

四、滴眼药

滴眼药前，一定要先核对药名，防止用错药。滴眼药的操作方法如下：先把手洗干净以防污染病眼。然后让患儿仰卧在床上或采用坐姿，头向后仰，眼睛向上看。再用左手食指、拇指轻轻分开患儿的上下眼皮，让患儿的头向后仰，向上看用右手拿滴药瓶，滴药时滴管与眼睛的距离至少为 1~2 厘米，应避免接触到眼睑，将药液滴在患儿下眼皮内，每次 1~2 滴。最后用拇指、食指轻提患儿上眼皮，嘱患儿转动眼球，使药液均匀布满眼内。注意不要将眼药滴在患儿眼珠上，否则会引起眨眼，药被挤出到眼外。

　判断：滴眼药时药水是滴在上下眼睑内。　　　　　　（　　　）

幼儿滴眼药与疫苗之间的关系

幼儿滴眼药水后，如果不是急性感染，是可以注射疫苗的；如果病情严重，则不能注射疫苗，尤其是不能注射疱疹疫苗。

案例分析

2 岁的小宝患有结膜炎，小宝爸爸拿起眼药水就胡乱地往小宝眼珠上滴，眼药水不一会儿就流出来了。

你认为小宝爸爸的做法正确吗？为什么？应该如何给小宝滴眼药？

课堂小活动

请模拟冷敷、热敷、滴眼药等幼儿护理技术。

项目六　幼儿常见意外伤害及保健

◆ 活动导读

幼儿是天生的探险家，活泼好动，好奇心强，喜欢东摸摸西碰碰，但受神经系统、调节功能尚未发育成熟的限制，表现为动作不协调，回避反应迟缓，缺乏自我保护意识，常常不能预见自己的行为所会产生的后果而导致擦伤、磕碰等常见的意外伤害事故的发生。幼儿发生意外事故后，一定要在第一时间做出正确的处理，做到快速反应，及时救治，将伤害降低到最低程度。

◆ 学习目标

1. 了解幼儿常见意外伤害事故产生的原因，熟知幼儿安全教育及意外事故预防的一般措施。

2. 具备基本的护理和急救知识，掌握外伤止血、心肺复苏术、海姆立克法等护理和急救技术的操作技能。

3. 了解安全防护对幼儿生长发育的深远意义，关心关爱幼儿，增强职业责任意识。

任务 1 常用急救技术

----------● 案例导入 ●----------

在星期一的户外活动课上，幼儿园中一班的宋老师组织小朋友们玩"老鹰捉小鸡"的游戏，小朋友们玩得非常开心。随着游戏的"白热化"，大家的兴致越来越高，跑动的速度也越来越快，站在队伍最后面的宇宇没能抓紧前面小朋友的衣服，突然被甩出队伍，猛地栽倒在地，大哭起来。宋老师赶忙上前查看，发现宇宇的右手手臂不能动弹了。

如果你是宋老师，你该如何处理？作为幼儿园老师应该如何预防幼儿意外伤害事故的发生？

一、急救的基本常识

（一）急救的定义

急救，即紧急救治，是指当有任何意外或急病发生时，施救者在医护人员到达前，按医学护理的原则，利用现场适用的物资临时及适当地为伤病幼儿进行的初步救援及护理。在日常的生活中，幼儿极易发生意外伤害事故，在事故发生后的最初几分钟时间里，教师若能够针对具体情况，迅速且合理地采取救助措施，就能改善患儿的伤情，甚至挽救患儿的生命。

（二）急救的原则

1. 挽救生命

事故发生后，教师在急救时应首先遵循"先救命后治伤，先救重后救轻"的原则，具体要求包括以下五个方面。

（1）先重后轻。先抢救如心搏骤停、窒息、大出血、休克等危重幼儿，再抢救如骨折固定、伤口包扎等轻伤幼儿。

（2）先止后包。先止血，防止幼儿因血液大量流失而危及生命，止血后再包扎伤口。

（3）先复后固。遇有心跳、呼吸骤停和骨折并发的幼儿，先采用心肺复苏术恢复呼吸和心跳，再进行骨折的固定。

（4）先呼后救。要在实施急救之前拨打校医及 120 电话，清楚、简要地陈述情况。在医务人员未到达之前，先采取急救措施，不能等待。

（5）先救后送。先急救后送医，受伤后的 12 小时是最佳急救期。

2. 防止残疾

事故发生后，在采取急救措施挽救生命的同时，尽量防止使幼儿留下残疾，避免不必要的移动。当必须移动幼儿时，要用最适合伤情的方法移动，如严重摔伤时，可能伤及脊柱，要使用门板类硬担架移动幼儿，不能用绳索、帆板类担架，更不能背、抱幼儿，以免损伤脊髓神经，造成终身瘫痪。当遇到各种化学烧伤，伤及幼儿的眼睛、食道等处时，在现场要及时用大量清水冲洗受伤处，绝不可等到医院再处理，以免使人体组织受到严重的腐蚀烧伤。

3.减少痛苦

在采取急救措施时，动作要准确、轻柔，以减轻幼儿的痛苦，同时要给幼儿以安慰、鼓励，做好心理疏导。先救命，防残疾，少痛苦，虽有主次、轻重之分，实际上也是相辅相成的整体急救措施。

判断：急救的原则依次是减少痛苦、挽救生命、防止残疾。　　　（　　）

（三）急救处理程序

事故发生后，切勿慌乱，牢记急救流程进行施救。

（1）立即终止损伤。如幼儿触电，应立即切断电源；幼儿被砸伤，应立即移除砸压物；幼儿被烧烫伤，应立即用大量流动的清水对烫伤部位进行清洗等。

（2）判断伤情。通过检查幼儿呼吸、脉搏、神志、出血情况和瞳孔等方面来判断伤情，生命体征的检查与判断见表6-1-1。

表6-1-1　生命体征的检查与判断

观察要点	检查方式	伤情判断
呼吸	将耳或手心放在幼儿的鼻孔或口腔处，观察有无气体进出，观察胸腹有无起伏（3~5秒完成判断）	①正常：均匀规则，3~7岁幼儿每分钟22次左右 ②严重：时深时浅，时快时慢 ③垂危：鼻翼翕动，变细变慢 ④自主呼吸停止，应立即进行人工呼吸
脉搏	用手测颈动脉或桡动脉跳动情况，可将耳贴在幼儿左胸听心跳情况（5~10秒完成判断）	①正常：每分钟60~100次 ②垂危：节律不齐，细快而弱 ③无脉搏心跳时，应立即进行心脏复苏
神志	用喊、拧或轻拍的方式，不能剧烈地摇晃、推搡幼儿（30秒内秒完成判断）	①严重：神志呆板、反应迟钝或烦躁不安 ②昏迷：毫无反应，确认昏迷
出血	评估出血量，观察幼儿是否有呼吸急促、心慌脉细、面色苍白、手脚发凉或直出冷汗等反应	①失血量小于10%，无明显不适 ②失血量大于20%，休克 ③失血量大于30%，有生命危险
瞳孔	用手翻开幼儿上眼睑，利用手电筒观察其瞳孔对光的反应	①昏迷：对光反应迟钝、对光反应消失 ②垂危：瞳孔逐渐散大

（3）呼救和报告。伤情不太严重时，首先通知幼儿园的保健医生，然后根据伤情进行处理，最后通知家长。伤情严重时，立即拨打急救电话求救，再通知保健医生、家长。

（4）现场急救。在医生到来之前，要迅速对幼儿的伤情进行科学地处理。当幼儿出现窒息、心跳停止、大量出血、呼吸道异物堵塞、骨折等紧急情况时，需立即进行现场急救，抢救幼儿生命。

（四）常用急救方法

1. 外伤止血

幼儿的外伤事故，常常伴随着出血。出血有多有少，出血的部位有深有浅。如果是少量出血，幼儿不会有生命危险，但如果是大出血，则会危及生命，必须迅速止血。在对幼儿进行外伤止血时，首先要对出血类型进行辨别。常见出血类型见表 6-1-2。

表 6-1-2　常见出血类型

出血类型	表现
静脉出血	血液中二氧化碳含量较高，因此血色暗红。血液徐徐均匀流出，比动脉出血容易止住，但较大的静脉出血仍相当危险，需要立即止血
动脉出血	血色鲜红，似泉涌，有搏动性，随心跳的频率从伤口向外喷射或一股一股地冒出。动脉在短时间内会造成大量失血，危险性非常大
毛细血管出血	血液像水珠样渗出，能自己凝固止血，通常无多大危险

不同类型的出血，需要采用不同的止血方法。常用的外伤止血方法有以下几种。

（1）指压止血法

指压止血法是指抢救者用手指把出血部位近端的动脉血管压在骨骼上，使血管闭塞，血流中断而达到止血目的。这是一种快速、有效的首选止血方法。止住血后，应根据具体情况换用其他有效的止血方法，如填塞止血法，止血带止血法等。这种方法仅是一种临时的、用于动脉出血的止血方法，不宜持久采用。

（2）加压包扎止血法

伤口覆盖无菌敷料后，再用纱布或棉花折叠成相应大小的垫子，置于无菌敷料上面，然后再用绷带、三角巾等紧紧包扎，以停止出血为宜。这种方法可用于小动脉、静脉或毛细血管的出血。但伤口内有碎骨片时，禁用此法，以免加重损伤。加压包扎止血法如图 6-1-1 所示。

图 6-1-1　加压包扎止血法

（3）填塞止血法

用无菌的棉垫、纱布等，紧紧填塞在伤口内，再用绷带或三角巾进行加压包扎，松紧以达到止血目的为宜。填塞止血法多用于口、鼻、腋窝、大腿根等部位的出血。

（4）止血带止血法

止血带止血法是四肢较大动脉出血时救命的重要手段，一般在其他止血方法不能奏效时使用。常用的止血带止血法见表6-1-3。

表6-1-3　常用的止血带止血法

类型	具体操作方法
充气止血带止血法	可选用血压计袖带，其压迫面积大，对受压迫的组织损伤较小，并容易控制压力
橡皮止血带止血法	可选用橡皮管，如听诊器胶管，它的弹性好，易使血管闭塞，但管径过细易造成局部组织损伤。操作时，在准备扎止血带的部位加好衬垫，左手拇指和食指、中指拿好止血带的一端，右手拉紧止血带围绕肢体缠绕一周，压住止血带的一端，然后再缠绕第二周，并将止血带末端用左手食指、中指夹紧，向下拉出固定即可。如有需要可将止血带的末端插入结中，拉紧止血带的另一端，使之更加牢固。橡皮止血带止血法如图6-1-2所示
绞紧止血法	可选用三角巾、绷带、领带、布条等，折叠成条带状，即可当作止血带使用。先在准备扎止血带的部位加好衬垫后，用止血带缠绕，然后打一活结，再用短棒、筷子、铅笔等的一端插入活结一侧的止血带下，并旋转绞紧至停止出血，最后将短棒、筷子或铅笔的另一端插入活结套内，将活结拉紧即可

图6-1-2　橡皮止血带止血法

2. 人工呼吸

呼吸是生命的象征。呼吸停止4分钟以上，人会濒临死亡；呼吸停止10分钟以上，生命就很难挽回。在幼儿无法呼吸的情况下，人工呼吸是最有效的急救方法。因此，不管是什么原因造成的伤害，一旦呼吸极其微弱或呼吸停止，应立即施人工呼吸。人工呼吸的操作步骤如图6-1-3所示。

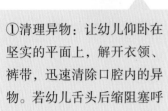

①清理异物：让幼儿仰卧在坚实的平面上，解开衣领、裤带，迅速清除口腔内的异物。若幼儿舌头后缩阻塞呼吸道，要拉出其舌头并固定

②吹气：施救者跪在幼儿头部一侧，一手捏住幼儿鼻孔，一手掰开患儿的嘴。深吸一口气，双唇密封包住其嘴并向里吹气，同时观察幼儿胸部是否隆起

③排气：吹完气后松开幼儿鼻孔，移开嘴，使幼儿利用胸廓和肺组织的弹性回缩力将进入肺部的气体呼出。重复吹气与排气动作，直至幼儿恢复自主呼吸

图 6-1-3　人工呼吸的操作步骤

3. 胸外心脏按压

心脏跳动推动血液在周身运行，把氧气和养料带到全身各处，把代谢废物和废气及时运出排到体外。当生活中发生了意外事故，使心脏突然停止跳动，身体里的一切活动将停止。因此，需要立即用胸外心脏按压法来恢复幼儿的心跳。胸外心脏按压如图 6-1-4 所示。

（1）让幼儿仰卧于地面、木板等坚实的平面上，头部与心脏在同一水平位置。

（2）施救者屈膝跪坐于幼儿一侧，单手手掌根部放置于幼儿胸骨与两乳头连线交点上，再将另一手掌重叠上去。

（3）伸直手臂，借助上身体重的力量，垂直向下冲击，使胸骨下陷 3~4 厘米，按压频率为 80~100 次/分。对婴儿及新生儿，仅拇指并放于胸前第四肋间水平位，其余四指托在背部进行按压，按压频率为 100~120 次/分。

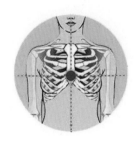

图 6-1-4　胸外心脏按压

有的意外事故，会造成幼儿的呼吸和心跳同时停止，人工呼吸和胸外心脏按压需同时进行。胸外心脏按压与人工呼吸次数的比例应按 30：2 进行施救。

康康和家人在野外玩耍时，不小心划伤了小腿，鲜血直流，家人很着急，临时找不到救治的场所，家长只好自己先想办法止血。

有哪些方法止血？在野外出现这种情况该如何处理？

请说一说当幼儿遇到意外伤害时应该怎么处理。

任务 2 常见意外事故的急救处理

●案例导入●

星期天，3 岁俊俊的手指不小心被门挤了，俊俊妈妈很着急，不知道怎么处理。听到俊俊撕心裂肺的哭声，俊俊妈妈手忙脚乱地找出碘酒等，一时不知道先做什么。

如果你是照护者应该如何处理？请说一说具体救治流程。

幼儿生性活泼好动，又年幼无知，随时可能发生意外事故。意外事故发生后，必须在现场争分夺秒进行正确而有效的急救，以挽救幼儿的生命。虽然有些意外事故不会致人死亡，但如果迟迟不做处理或处理不当，还是会造成严重后果。

一、轻微外伤

（一）跌伤

在幼儿园，跌伤事故经常发生。造成幼儿跌伤有多种原因：幼儿在奔跑、跳跃时不小心跌倒；上下楼梯时摔跤；互相推拉、追跑、打闹时由于掌握不好轻重而将对方推倒。教师对幼儿的危险动作没有及时发现和制止也会造成跌伤，如鞋带散了，走路时被绊倒；鞋底嵌着小石子，下楼正好踩在台阶的金属镶边上滑倒等。

幼儿跌伤后，除了应注意局部损伤情况外，还应注意其他部位及内脏有无损伤。可根据幼儿的神情来判断，如果神态木然，反应迟钝，说明病情严重；出现休克，应考虑脑及内脏受到损伤。跌伤的处理方法如图 6-2-1 所示。

如果伤口小而浅，只是擦破点皮，先用碘酒或医用酒精进行消毒，再清除伤口异物，最后进行包扎。

消毒止血　　　　　　　清除异物　　　　　　　伤口包扎

图 6-2-1　跌伤的处理方法

如果伤处皮肤未破（属挫伤），伤处肿痛、肤色青紫，可局部冷敷，防止内部继续出血。24 小时后再热敷，以加速患处的血液循环，促进血液吸收。要限制受伤部位活动。

如果伤口大或深，出血较多，要先止血，将受伤部位抬高，应立即将幼儿送医院处理。

跌伤常见的并发症为脑震荡。有些伤者虽然颅骨无损伤，但外力波及颅内，使脑受到震荡，出现短时间的意识丧失，甚至昏迷数分钟或更长时间，并伴有头痛、头晕、呕吐、嗜睡等症状。如遇此情况，应立即送往医院。

有时跌伤还可能造成骨折或内出血。内出血比外出血更可怕，因为不容易被察觉。由于内出血无法用按压法止血，教师应第一时间通知医护人员到场协助救治。在医护人员抵达前，要防止受伤幼儿乱动，可让其躺下，头部放低并偏向一边，使大脑能得到足够的血液供应。同时，若情况许可，可抬高其双腿，使血液流向重要器官。另外，要密切注意受伤幼儿的呼吸、脉搏和清醒程度，替其解开衣领，保持呼吸顺畅。若受伤幼儿不省人事，切记保证其呼吸道畅通，并根据情况需要施行心肺复苏法。

（二）割伤

幼儿使用剪刀、小刀等文具或触摸碎玻璃时，划破了皮肤出血。

（1）用干净的纱布按压伤口止血。

（2）用医用酒精消毒，伤口处涂抹碘伏。

（3）敷上消毒纱布，用绷带包扎。如被碎玻璃扎伤，应用镊子清除碎片后再进行包扎。

（三）挤伤

幼儿的手指经常会被门、抽屉挤伤，严重时，指甲会脱落。若无破损，可用清水冲洗、冷敷。若指甲掀开或脱落，则应立即将患儿送医院处理。

（四）扭伤

扭伤多发生在四肢关节处，患处疼痛，运动时疼痛加剧，可出现肿胀或青紫色淤血。脚踝处扭伤处理如图 6-2-2 所示。

（1）让幼儿停止活动，避免二次损伤。

（2）抬高伤处以减少出血和组织液积聚。

（3）皮肤没有破损时，用冰毛巾或冰袋冷敷伤处，防止皮下继续出血，起到止血、消肿、止痛的目的。24 小时内不要揉搓患处。

（4）24 小时后，采用热水泡脚或热毛巾敷患处，促进血液循环和瘀血吸收。

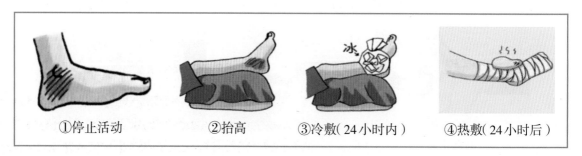

①停止活动　　②抬高　　③冷敷（24 小时内）　　④热敷（24 小时后）

图 6-2-2　脚踝部扭伤处理

（五）刺伤

有些花草、木棍、竹棍带刺或屑子，扎入幼儿皮肤，产生刺痛感，应立即取出。

可先将伤口清洗干净，绷紧伤处，用消毒过的针或镊子顺着刺的方向挑出刺，并挤出淤血，随后用酒精消毒。若难以拔出，则应立即将患儿送医院处理。

二、异物入体

（一）外耳道异物

常见的外耳道异物有小石块、纽扣、豆粒、小珠子等，幼儿容易在玩耍时塞入耳中。动物性异物多在幼儿睡眠时钻入。外耳道异物常引起耳鸣、耳痛。植物性异物遇水膨胀后，可继发感染引起炎症。具体处理方法如下：小异物入耳，可让患儿头偏向异物侧，用单脚跳，促使异物从耳中掉出来；昆虫入耳，可用灯光照引诱其爬出来；还可用半茶匙稍加热后的食油、甘油、酒精倒入耳内，再让患儿病耳朝下，保持 5~10 分钟，被淹死的昆虫可随液体一道流出。若外耳道有难以排出的异物，则应立即将幼儿送医院处理。

（二）鼻腔异物

幼儿出于好奇，有时会将一些异物塞入鼻孔。异物中以纸团、小珠子、豆粒、果核、花生米为多见，可引起鼻塞，从而影响呼吸。若异物进入鼻腔，可让幼儿将无异物的鼻孔按住，用力擤鼻涕；或用羽毛刺激鼻黏膜，引起幼儿打喷嚏。若上述方法无效，则应立即将幼儿送医院处理。

（三）喉、气管异物

当幼儿正吃东西时，突然大哭、大笑，会厌软骨来不及盖住气管，使食物呛入气管。异物以花生米、豆粒、果冻等圆滑的食物最为多见。气管是呼吸的通道，当异物进入喉部、气管，会引起剧烈的咳嗽，借此来赶走"不速之客"。但幼儿气管发育不完善，很难自主将异物咳出，造成异物在气管内停留。当异物将气管完全堵住时，幼儿会出现吸气性呼吸困难，面色青紫。较小的异物还会继续下滑，常常滑入右侧支气管，导致右侧肺不能工作，出现呼吸困难，肺气肿。若发生继发感染，则幼儿会出现发热、全身不适等症状。

3 岁以下幼儿可采取背部叩击法和胸部冲击法进行处理，如图 6-2-3 所示。

背部叩击法：施救者抱起幼儿趴在大腿上，一只手捏住幼儿颧骨两侧，手臂贴着幼儿的前胸，另一只手托住幼儿后颈部，让其脸朝下，趴在施救者膝盖上。在幼儿背上拍 1~5 次，并观察幼儿是否将异物吐出。

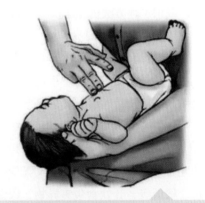

胸部冲击法：让幼儿平躺在施救者大腿上。施救者用两手的中指或食指，放在幼儿胸廓下和腹部，快速向上重击压迫，注意动作要轻柔。重复操作，直至异物排出。

图 6-2-3　3 岁以下幼儿喉、气管异物急救法

3 岁以上幼儿可采用海姆立克法进行处理。

海姆立克法（腹部冲击法），施救者首先以前腿弓，后腿蹬的姿势站稳，然后让幼儿坐在自己弓起的大腿上，并让其身体略前倾。将双臂分别从幼儿两腋下前伸并环抱幼儿。左手握拳，右手从前方握住左手手腕，使左拳虎口贴在幼儿胸部下方、肚脐上方的上腹部中央，形成"合围"之势，突然用力收紧双臂，用左拳虎口向幼儿上腹部内上方猛烈施压，迫使其上腹部下陷。由于腹部下陷，腹腔内容上移，迫使膈肌上升而挤压肺及支气管，这样每次冲击可以为气道提供一定的气量，从而将异物从气管内冲出。施压完毕后立即放松手臂，再重复操作，直到异物被排出。

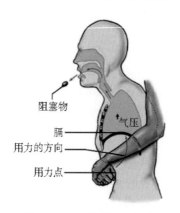

注意：若使用上述方法仍不能取出异物，应立即将幼儿送医院处理。

图 6-2-4　海姆立克法

（四）眼部异物

当沙子、煤屑、小飞虫，植物飞絮等进入眼内后，会引起灼痛、流泪、畏光。若异物附于眼球表面，则可用干净的棉签轻轻地擦去；若异物嵌入眼睑结膜内，则需翻开眼皮再擦去。若异物嵌入角膜组织内，或用上述方法仍无法拭出异物，则应立即将幼儿送医院处理。

（五）消化道异物

骨头渣、鱼刺、枣核、纽扣等异物有时会卡在咽部，有时会沿着食道入胃。若异物卡在咽部，常扎在扁桃体上或其附近，引起疼痛，吞咽时疼痛更加剧，致使进食困难。异物若停留时间过长，还会引起局部及附近部位发炎，严重的会导致食道穿孔。具体处理方法如下：

（1）一旦发现咽部异物，可用镊子取出。不能让幼儿硬吞食物，避免将异物推向深处，扎破大血管。

（2）异物掉进胃里，若幼儿有疼痛或吞下去的异物是尖锐的物品，则应将幼儿立即送医院处理；若幼儿吞咽一些光滑的异物，又无明显的症状，一般说来不至于引起严重的后果，可让幼儿食用软面包、稀饭等，让饮食包裹异物，以防止胃、肠壁受到损坏。注意观察幼儿的大便，直到异物被排出体外为止。若经较长时间异物仍未排出，则应立即就医。

（六）烧（烫）伤

烧（烫）伤主要是由火焰、电击、开水、热粥、热汤、蒸汽、化学物品等作用身体表面所致。在幼儿烧（烫）伤情况中，因开水、热粥、热汤等烫伤占首位，火焰烧伤次之，电器击伤也时有发生。对某些烧（烫）伤，如果处理及时，常常能避免产生不良后果。幼儿皮肤角质层薄，保护能力差，因此烫伤发生的机会较多，后果也比成人严重。

1. 烧（烫）伤分级

烧（烫）伤的严重程度主要根据烧（烫）伤的部位、面积大小和烧（烫）伤的深浅度来判断。烧（烫）伤在头面部，或虽不在头面部，但烧烫伤面积大、深度较深的，都属于严重烧烫伤。皮肤的烧（烫）伤程度分级见表 6-2-1。

表 6-2-1　皮肤的烧（烫）伤程度分级

受伤程度	症状及表现
Ⅰ度烧（烫）伤	表皮受损。局部皮肤红肿，无水疱，灼痛明显
Ⅱ度烧（烫）伤	真皮损伤。皮肤出现水疱，局部水肿，疼痛较为剧烈
Ⅲ度烧（烫）伤	损伤皮肤全层，累及肌肉和骨骼。皮肤下面的脂肪、骨和肌肉都受到伤害，皮肤焦黑、坏死，创面呈灰或红褐色，无明显痛感

2. 烧（烫）伤处理

首先，设法将幼儿身上的余火扑灭。如幼儿身上还沾有热粥、热菜等，要用干净毛巾轻轻揩去。根据幼儿受伤部位的症状及热源情况判断伤情。对轻度烧（烫）伤幼儿应及时进行冷却治疗。对深度烧（烫）伤和面积较大的烧（烫）伤，用干净被单包裹受伤部位，切勿弄破水疱，保持创面清洁，立即将幼儿送往医院治疗。送医途中，要注意观测幼儿的呼吸、心跳等生命体征，可少量多次喂淡盐水。烧（烫）伤五步急救法如图 6-2-5 所示。

①冲：用流动的冷水持续冲洗伤口 15~20 分钟。

②脱：小心除去衣服，必要时可用剪刀剪开伤处的衣服。

③泡：用冷水浸泡伤处止痛，通常应持续 30 分钟以上。

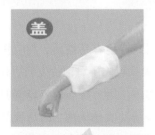

④盖：用消毒纱布覆盖伤处，以防感染。

⑤送：若皮肤已有水疱，或为二级以上烧烫伤，应立即将患儿送往医院治疗。

图 6-2-5　烧（烫）伤五步急救法

拓展阅读

冷却治疗

对Ⅰ度烧（烫）伤，应立即将伤处浸在凉水中进行"冷却治疗"，它有降温、减轻余热损伤、减轻肿胀、止痛、防止起疱等作用，如有冰块，把冰块敷于伤处效果更佳。"冷却"30分钟左右就能完全止痛。随后用烫伤膏涂于烫伤部位，只需3~5日便可自愈。"冷却治疗"在烧（烫）伤后要立即进行，若受伤后超过5分钟再浸泡，则只能起止痛作用，不能保证不起水疱，因为这5分钟内烧（烫）的余热还继续损伤肌肤。如果烧（烫）伤部位不是手足部位，不能将伤处浸泡在水中进行"冷却治疗"时，则可将受伤部位用毛巾包好，再在毛巾上浇水，用冰块敷效果更佳。

（七）动物咬伤

1.虫咬（蜇）伤

（1）蚊子、臭虫叮伤。夏天，尤其是在郊外，蚊子较多，因而常常被蚊子叮伤，出现微肿、发红、发痒等症状。痛痒会使幼儿变得不安，难以入眠。为了解痒，幼儿常常会抓搔叮咬处，造成患处破损，进而导致感染，产生化脓性疾病。被蚊虫叮咬后，可在患处涂抹花露水、风油精、清凉油等，起到消毒止痒的作用。

（2）蜈蚣、蛇咬伤。被蜈蚣或毒蛇咬伤，根据伤口的深浅、大小和毒性，幼儿可能会出现不同程度的头晕、头痛、呕吐、视力模糊，甚至昏迷、抽搐而危及生命。具体处理方法如下：被蜈蚣咬伤时，伤口往往是一对小孔，因为蜈蚣的毒液呈酸性，所以用碱性液体可将其中和而减少毒性。应立即用肥皂水或浓度为5%~10%的小苏打水、淡石灰水冲洗伤口。被蛇咬伤后，注意观察伤口，若伤口仅见成排的细小牙痕，则该蛇大多无毒。如在两排牙痕的顶端有两个特别粗而深的牙痕，则很可能是被毒蛇咬伤。一旦发现被毒蛇咬伤，应立即用较宽的带子勒住伤口的近心端（距伤口5厘米），并减少活动，以免毒液向全身蔓延。紧接着用清水或盐水冲洗伤口，将留在表面的毒液冲走。用刀片以伤口牙痕为中心，画十字切口，用手挤压伤口，使毒液流出，并立即将患儿送医院治疗。为了避免毒蛇咬伤，成人不要带幼儿到潮湿、低洼的地方散步，也不要带幼儿去长满野草和茂密的树丛中或稻草堆上玩耍。

2.宠物咬伤

家庭中常见的宠物有猫、狗，幼儿喜欢与小动物玩耍，因此特别容易被猫、狗咬伤或抓伤。幼儿被宠物咬伤容易感染狂犬病毒，且在目前的医疗条件下，狂犬病可防不可治，发病后死亡率极高。因此，要高度重视、妥善处理。具体处理方法如下：①挤压伤口。用力挤压伤口周围的软组织，尽量挤出伤口处的血。②彻底冲洗。用浓度为20%的肥皂水彻底清洗咬伤局部，之后反复用纯净水冲洗伤口。③消毒清创。用浓度为3%的碘酒和医用酒精消毒，进行必要的清创。④伤口处理。除个别伤口创面较大，或需要止血外，伤口不涂抹任何药物，也不需要包扎。狂犬病毒在缺乏氧气的情况下，会大量生长。⑤注射疫苗。应立即送医院治疗，24小时内注射狂犬疫苗，若伤口较深还应注射预防破伤风的抗生素。

如何预防被动物咬伤

（1）春季是动物的发情期，也是宠物伤人的高峰期，主人与宠物不要过于亲昵，比如亲吻宠物、将手指伸入宠物的口中或用食物挑逗宠物等，以免遭到宠物的意外伤害。若家中养有宠物，应定期给宠物注射狂犬疫苗。

（2）不要靠近不熟悉的狗，更不要对其进行抚摸和逗玩。遇见陌生的狗，不要与其对视，也不要试图逃跑，平静地站立即可；不要打搅正在睡觉、进食的狗，避免被其咬伤。

（3）被宠物撕咬污染的衣物，应及时换洗并煮沸消毒、日光暴晒或使用消毒剂清洗。

（4）被宠物咬伤或抓伤后，绝不要抱任何侥幸心理，不管宠物是否打过疫苗，不管是咬伤还是抓伤，只要有皮下渗血或出血点，就应及时注射狂犬疫苗。

（八）脱臼

暴力作用于关节，使关节面失去正常的相互位置则形成关节脱臼。幼儿关节附近韧带较松，在受到撞击、过度牵拉、负重时很容易引起脱臼。受伤部位明显畸形、肿胀、疼痛剧烈，不能活动。常见的脱臼有以下两种情况：

（1）肩关节脱臼。肩关节在全身的关节中运动范围最大，且结构不稳定。常因向上牵拉或受暴力冲击引起脱臼，多见于跌倒时手触地后支持体重而引起。脱臼时肩部外形由膨隆变为平坦，患肢不能达到对侧肩峰。肩关节脱臼如图6-2-6所示。

（2）桡骨小头半脱位。又名牵拉肘，是幼儿时期最常见的脱臼。幼儿桡骨较小，当肘部处于伸直位时，被用力牵拉手臂，可使桡骨头从关节窝脱出。例如上楼梯、跨上人行道台阶时，大人将幼儿手臂突然拎起，就可能发生桡骨小头半脱位。有时在脱衣服时，大人过猛地牵拉幼儿的手臂，也可能会发生脱臼。桡骨小头半脱位如图6-2-7所示。

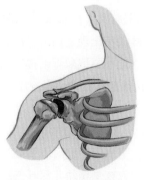

图6-2-6 肩关节脱臼

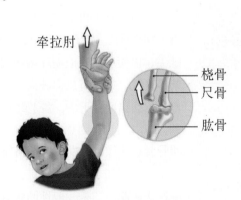

图6-2-7 桡骨小头半脱位

脱臼的处理方法如下：①固定患肢，可用绷带或三角巾将患肢固定。②及时就医，尽快使患肢复位。

③患肢复位后，冰敷消肿止痛，24小时后热敷，促进患处血液循环。④经医生复位后，仍需注意保护幼儿的关节，勿再受暴力牵拉。因为关节受过拉伤后，关节囊松弛，容易发生重复脱臼。

（九）骨折

因外伤破坏了骨的完整性，称骨折。骨折是幼儿常见的较严重的外伤。骨折可分为闭合性和开放性两种。闭合性骨折，骨折处皮肤不破裂，与外界不相通；开放性骨折，骨折处皮肤破裂，与外界相通。

发生骨折后，会出现一系列症状。因断骨刺伤周围组织的血管、神经，血管破裂后的出血又压迫周围的组织，所以剧烈的疼痛和局部的压痛是典型的症状之一。同时，骨折处的正常功能丧失，如下肢骨折后，不能站立、行走等。骨折后，原来附着的肌肉失去了平衡，加上组织肿胀，局部还会出现畸形。

幼儿骨折有其自身的特点。由于幼儿骨骼中有机物较多、无机盐较少，最外层的骨膜较厚，在外力作用下有可能发生折而不断的现象，仅有部分骨质和肌膜被拉长、皱褶或破裂，常有成角、弯曲畸形，如青嫩的树枝被折断状的一类骨折，称为"青枝骨折"。发生这种骨折后，因疼痛不十分明显，受伤肢体还可以做些动作，因此很容易被忽略，而未去医院诊治，骨折自愈后，形成畸形，从而影响膝体的正常功能。因此，幼儿肢体受伤后，千万不能掉以轻心，一定要及时送医院确认是否发生了骨折。

由于人体各个部位的不同，需要做不同的处理方法，常见的幼儿不同部位的骨折及处理方法见表6-2-2。

表6-2-2 常见的幼儿不同部位的骨折及处理方法

骨折部位	处理方法
四肢骨折	发生骨折后，观察骨折处是否有皮肉破损及断骨暴露，若没有，则立即用夹板固定。夹板一般选用薄木板，也可就地取材，选用木棒、竹片、手杖、硬纸板等代替。长度应将断骨处的上下两个关节都固定住。如上臂骨折，应将肩关节、肘关节固定住，使断骨不再活动。夹板与四肢接触处要垫上一层棉花或布料，用绷带把夹板绑在伤肢上。受伤上肢要屈肘弯曲捆绑，受伤下肢要直着捆绑，注意要露出指、趾尖，以便观察血液循环的情况，并保证指、趾尖不出现苍白、发凉、麻木、青紫等现象。如果有皮肉破损，断骨露在外面，切记不要把断骨硬按回去。应用消毒液把伤口冲洗干净，盖上纱布，简单固定，送往医院做进一步治疗
肋骨骨折	肋骨骨折往往是多发性的，伤处有明显的伤痛，一般会有两种情况。一是骨折刺伤了胸膜、肺脏，使病人呼吸困难，咯血等，此时不要处理断骨，而应速送医院。二是一般性肋骨骨折，未伤及肺，应在受伤幼儿深呼气结束，胸部缩小时，用宽布带缠绕胸部断骨处，以减少呼吸运动的幅度，将断肋固定

续表

骨折部位	处理方法
脊椎骨骨折	幼儿如果从高处跳下摔伤，则容易造成脊椎骨折，易发生在活动范围较大的第五颈椎、第六颈椎、第十二胸椎和第一腰椎。椎骨骨折的严重性在于现场处理稍有不慎，就可能引起严重后果。如现场施救者将受伤幼儿抱起来，或搀扶受伤幼儿坐起来、走路，或让受伤幼儿躺在软担架上，都有可能使折断的脊椎刺伤脊髓，造成终生截瘫
腰椎骨折	腰椎骨折时，首先应保持受伤幼儿安静，不准其活动，严禁受伤幼儿坐起来或试着走路、弯腰，也不准其他人背抱受伤幼儿。然后可用木板、门板等当搬运工具，数人动作一致地将受伤幼儿轻轻抬到木板担架上，或数人动作一致地托住受伤幼儿的肩胛、腰和臀部，将受伤幼儿滚到担架上，使其俯卧。最后用宽布带将受伤幼儿固定在担架上，尽量平稳地将其送往医院
骨盆骨折	骨盆骨折要选用硬板担架，以免因软担架的颠动使骨折加重，刺伤盆腔内的脏器、血管神经

（十）晕厥

由于短时间内大脑供血不足而失去知觉，突然晕倒在地。疲劳、兴奋过度、失血、饥饿、空气闷热、精神紧张、站立时间过久等都会引起晕厥。

晕厥发生前都有头晕、眼花、恶心、心慌等症状，继而眼前发黑、失去知觉、摔倒在地。倒地后面色苍白、四肢冰冷、出冷汗，但很快能清醒过来。

若幼儿在室内晕厥，要立即打开通风窗，使空气流通，松开衣领、腰带，使其平卧，头稍低、腿略高，使流向头部的血量增大。若幼儿晕厥后出现呕吐症状，则应将其头侧斜，避免呕吐物阻塞呼吸道。

（十一）惊厥

惊厥是大脑皮质功能紊乱所引起的一种运动障碍。幼儿突然失去知觉，头向后仰，眼球固定、上转或斜视，面部青紫，呼吸弱而不规则或出现窒息；全身性或局部肌肉抽动。惊厥持续时间短的瞬息即止，持续时间长的可持续数分钟到十几分钟。引起幼儿惊厥的原因有两种：

一是发热惊厥。发热惊厥多见于6个月至3岁的婴幼儿，在体温骤升时发生全身性抽动，时间短且很快恢复。婴幼儿患肺炎、菌痢、百日咳、脑膜炎等会引起发热，都可能导致惊厥。

二是无发热惊厥。无发热惊厥有婴儿手足抽搐症、癫痫。婴儿手足抽搐症：多见于人工喂养的婴儿，因血钙过低引起惊厥，惊厥后多入睡，醒后活泼如常。癫痫：多为年长幼儿，会反复发生惊厥。惊厥前有先兆，如产生幻觉等，惊厥后嗜睡。低血糖、药物中毒或脑发育不全等亦可导致惊厥。

惊厥的具体处理方法如图6-2-8所示。

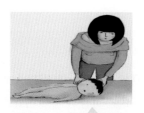

①让幼儿躺在坚实的平面上，松开脖子附近的拉链和纽扣，把头偏向一侧，清理口鼻异物。

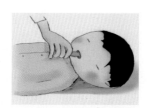

②用消毒纱布包裹幼儿舌头并压舌板，或把消毒纱布搓成麻花状，放在幼儿上下磨牙之间，以防咬伤舌头。

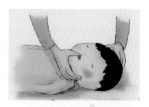

③用拇指用力按压幼儿鼻和上唇之间的人中穴。

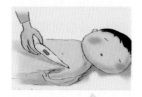

④给幼儿测量体温，查看有无高热。

⑤若幼儿出现高热，可用冷毛巾在其前额、手心、大腿根处进行冷敷。

⑥及时将幼儿送往医院救治。

图 6-2-8　惊厥的处理方法

（十二）中毒

1.煤气中毒

冬季，用煤炉取暖的屋子，若室内通风不良、风倒灌等都可使室内空气中一氧化碳过量，导致煤气中毒。过量的一氧化碳被吸入体内，导致人体缺氧，引发头晕、头痛、恶心、呕吐、无力，甚至神志不清、血压下降，出现昏迷的情况。煤气中毒程度分类见表 6-2-3。

表 6-2-3　煤气中毒程度分类

中毒程度	具体症状及表现
轻度	感到头晕、耳鸣、眼花、恶心、四肢无力，移至新鲜空气处，症状可很快消失
中度	除轻度症状外，还会出现神志不清，肌肉无力，皮肤黏膜呈樱红色等。经抢救后可恢复健康
重度	除中度症状外，还会出现意识丧失、惊厥、血压和体温下降，呼吸不规则，循环衰竭，直至窒息死亡等症状。经抢救后可留下严重的后遗症

煤气中毒的处理方法如下：①立即开窗通风，尽快将幼儿抬离中毒现场，移到通风处。松开衣襟，使幼儿呼吸到新鲜空气。②注意保暖，严重者要尽快送医院抢救。让幼儿受冻并不能促使其清醒，反而会加重病情。③若幼儿呼吸心跳已停止，要立即进行人工呼吸和胸外心脏按压，并护送入医院。

2. 误服毒物

幼儿缺乏生活经验，常会误服毒物。幼儿往往拿到东西就放入口中，常误以药片为糖丸吞服。随着幼儿活动范围渐广，接触毒物机会增多。毒物主要有有毒植物、药品、农药、化学品（化妆品）等。幼儿误服毒物后主要表现为腹痛、腹泻、呕吐、惊厥或昏迷等。误服毒物的处理方法见表6-2-4。

表 6-2-4　误服毒物的处理方法

处理步骤	处理方法
①催吐	催吐是排除胃内毒物简便而有效的方法。误服毒物后，越早催吐越好。可利用手边方便的物件，刺激幼儿咽部，引起呕吐，将其胃内的毒物吐出来，反复2~3次。有些食物过稠不易呕吐，可让幼儿喝大量清水或盐水再催吐。如此反复进行，直到吐出的液体变清为止
②中和解毒	为了降低毒物的毒性，延缓毒物的吸收，保护食道和胃黏膜，可服用一些能中和毒物的溶液。强碱强酸的毒物，都可服用牛奶、豆浆、蛋清等；强碱毒物还可用果汁中和；若误把碘酒当"咳嗽糖浆"喝下，则应服用米汤，米汤中的淀粉与碘发生化学变化，可达到解毒目的
③收集毒物	尽可能收集残余毒物、幼儿呕吐物，以便医生检验毒物性质，明确诊断和采用特效解毒剂
④及时就医	上述措施完成后，立即将幼儿送医治疗

（十三）触电

幼儿玩弄电器，出于好奇将手指或金属物件塞入插座中时会引起触电。室外的电线落地，如果幼儿捡拾电线或距离断落电线太近，也可能会触电。此外，雷雨时在大树下躲雨或在野外行走，也有被雷电击伤的可能。触电后可出现深度灼伤，灼伤部位呈焦黄色，严重者创伤面极深，骨骼、肌肉碳化，可发生昏迷、休克，甚至死亡。轻者有段时间意识丧失，醒后有头痛、恶心、呕吐、心悸和肌肉疼痛等症状。

触电后具体处理方法如下：①脱离电源。要以最快的速度，适当的方法，使幼儿脱离电源。电源作用于人体的时间越长，后果就越严重。施救者千万不可直接拖拉触电幼儿，以免自身触电。正确的方法是关闭电门，用干燥的木棍将电线挑开或用干绳子套在触电幼儿身上，将其拉出。②心肺复苏。若发现触电幼儿呼吸、心跳很微弱，甚至停止，要迅速进行人工呼吸和胸外心脏按压。③包扎。洗净灼伤部位，并用消毒敷料包扎。④及时就医。上述措施完成后，立即将触电幼儿送医治疗。

（十四）溺水

溺水是幼儿常见的意外伤害之一。幼儿落入水中，身体被淹没时，水、污泥、杂草等会堵塞呼吸道。同时，吸入的水会刺激咽喉和气管，发生急性反射性痉挛，引起窒息，使肺泡失去通气、换气功能。如抢救不及时，幼儿则会因缺氧而死亡。溺水的处理方法见表6-2-5。

表6-2-5　溺水的处理方法

处理步骤	处理方法
①尽快救人上岸	施救者要轻装上阵，快速游到溺水幼儿的后方，采取仰泳姿势将溺水幼儿头部托出水面，救其上岸
②保持呼吸通畅	检查溺水幼儿的口鼻，清除异物，宽衣解带，保持其呼吸畅通
③心肺复苏	检查溺水幼儿的呼吸及心跳情况，如已停止，立即抢救。可采用口对口人工呼吸和胸外心脏按压法进行抢救，促使溺水幼儿恢复呼吸和心跳，并立即将其送医院治疗

（十五）鼻出血

幼儿鼻出血是一种常见的症状。鼻外伤、鼻腔异物、鼻黏膜损伤都会引起鼻出血。幼儿鼻出血后应立即采取措施止血，具体处理方法如下：①让幼儿坐下，头略向前倾，吐出流到口中的血。②按压止血点止血。用拇指和食指紧紧捏住幼儿鼻翼两侧，持续约10分钟，起到压迫止血的目的。③清洗流出的鼻血。④若出血量较大，幼儿出现面色苍白、出虚汗、精神差等症状，应立即送医院治疗。

（十六）中暑和冻伤

1. 中暑

在烈日下，由于日光直接暴晒过久，使中枢神经系统受到损伤产生的病症被称为中暑。其主要症状有头痛、头晕、耳鸣、眼花、无力、口渴、脉搏加快、恶心、呕吐、动作失调等，严重时呼吸加速，脸色发白，失去知觉。具体处理方法如下：

（1）迅速将幼儿移到阴凉通风处，平卧，解开衣扣，用冷毛巾敷头部、扇风等帮助其散热。

（2）若幼儿能自己饮水，则可让其多喝一些清凉的饮料，盐汽水最佳。

（3）若情况严重，幼儿已昏迷，除冷敷、扇风降温外，应立即送医院治疗。

2. 冻伤

气温转低时，或气温不是很低，但湿度较大或大风的情况下，幼儿身体裸露处或保护不好的部分，以及供血不足的地方，如鼻尖、耳朵、手、脚易被冻伤。皮肤血管遇冷收缩，血管内正常的营养和气体的运输遭到破坏，因而皮肤失去血色，不时产生刺痛感，随之失去知觉。冻伤程度的分级见表6-2-6。

表 6-2-6 冻伤程度的分级

冻伤程度	症状及表现
Ⅰ度冻伤	即常见的"冻疮"，受损在表皮层，受冻部位皮肤红肿充血，自觉热痒、灼痛，症状可在数日后消失
Ⅱ度冻伤	冻伤伤及真皮浅层，受冻部位红肿，并伴有水疱，疼痛明显
Ⅲ度冻伤	冻伤伤及皮肤全层，皮肤呈紫黑色，痛觉丧失，遗有瘢痕
Ⅳ度冻伤	冻伤伤及皮肤、皮下组织、肌肉甚至骨头，皮肤坏死

冻伤的具体处理方法如下：①脱离寒冷环境。冻伤发生后，要尽快使幼儿脱离寒冷环境，并脱去寒冷的衣服、鞋袜，用干净温暖的衣物进行保暖。②复温。可将患处浸浴在 37℃ 左右的温水中，5~7 分钟即可恢复局部血液循环。若一时无法获取温水，也可将患儿置于施救者怀中或腋下复温。③清洁包扎。局部冻伤可用温水或肥皂水清洁患处，涂抹冻伤膏。Ⅱ度以上的冻伤需用消毒敷料进行包扎。④上述措施完成后，立即将幼儿送医院治疗。

周末，乐乐在小区的滑滑梯上跟小伙伴们一起玩耍。在上滑滑梯的台阶时，乐乐脚下一滑，从滑梯上摔了下来，大哭起来。乐乐爸爸闻声赶来，见乐乐不能动弹，脸色发白，便立刻抱起乐乐向医院赶去。

乐乐爸爸的做法对吗？为什么？如果你是乐乐爸爸会怎样处理？

请说一说幼儿可能面临的意外伤害，并介绍相应的救治流程及具体办法。

任务3　幼儿安全教育及意外事故的预防

---------------------------- ● 案例导入 ● ----------------------------

　　某幼儿园大班幼儿正在操场上开展体育活动，东东趁老师不注意，在一旁的滑梯上玩耍，不慎从没有固定好的滑滑梯上摔下，被倾倒的滑梯压住，造成腿部骨折。该滑梯是幼儿园新购买的设施，上周发现滑梯连接处出现裂痕，园方在滑梯周围围上了栏杆，并在一旁竖了警示牌，通知各班教师禁止让幼儿攀爬。

　　案例中意外事故发生的主要原因是什么？如何预防或减少意外事故的发生？

一、幼儿意外事故发生的原因

1.幼儿身体机能不完善

　　由于年龄小，幼儿各器官发育不成熟，身体机能不完善，导致身体的协调性比较差，在运动过程当中，经常容易发生摔伤、扭伤、擦伤等意外事故。

2.幼儿缺乏安全意识和防护能力

　　幼儿对生活环境的认识水平较低，缺乏生活经验，不能准确地对外界事物进行理解和判断，常常会做一些危险而不自知的事，如把花生塞入鼻孔、用手触摸插座、误服毒物等。另外，家长和教师对幼儿的安全教育主要以知识传授为主，缺乏实践，忽视了对幼儿安全技能的训练，导致幼儿缺乏安全意识和防护能力。

3.幼儿好奇、好动、易冲动的特点

　　幼儿具有强烈的好奇心，活泼好动，容易冲动。常常由于情绪激动、丧失理智和判断力不足引发意外事故，从而造成意外伤害，如争抢玩具发生打斗、从高处往下跳扭伤脚等。

技能高考

《幼儿园教育指导纲要（试行）》指出，幼儿园必须把_____放在工作的首位。（　　）
A.保护幼儿的生命和促进幼儿的健康　　　　B.饮食健康
C.不要玩水　　　　　　　　　　　　　　　D.食物安全

4.家长和教师的疏忽

　　家长和教师作为幼儿的主要监管者，安全意识的缺乏和安全管理上出现的漏洞也是幼儿发生意外事故的主要原因之一。如幼儿在活动中离开活动区域，擅自行动，就可能引发意外事故。

5.托幼机构不完善的安全管理制度

　　托幼机构缺乏系统完善的安全管理制度，没有专门负责安全的管理人员，安全管理不到位，缺乏完善的安全防护措施等都是托幼机构意外事故频发的原因。

6. 托幼机构的设施装备具有安全隐患

若托幼机构的设施设备陈旧老化，又没有及时检查和修复完善，存在安全隐患，如电路老化、楼梯扶手松动等，都极易造成事故的发生。

二、幼儿意外事故预防措施

幼儿身体机能发育不完善，缺乏生活经验，在托幼机构的一日生活中容易引发一些意外事故，轻则损害身体健康，重则威胁生命安全。因此，托幼机构教师需要对幼儿进行安全教育，以此提高幼儿的安全意识和防护能力。幼儿意外事故预防措施主要包括以下几个方面。

（一）发展动作能力

幼儿平衡能力差、动作反应不灵敏是他们常发生摔伤、扭伤、擦伤等意外事故的主要原因。因此，要加强幼儿平衡能力的练习及其他基本动作，如走、跑、跳、攀、爬的练习，发展幼儿动作的协调性，增强其灵敏性，从而减少摔伤、扭伤、擦伤等意外事故的发生。这些基本动作的练习应根据幼儿年龄不同有重点、有针对性地进行。对于摔跤不会用手撑地的幼儿，应让其更多地练习手的支撑动作；走路不稳的幼儿，就应锻炼他们独立行走的能力。

（二）普及安全教育

1. 安全知识的教育

在对幼儿进行安全知识和技能的教育时，应该以幼儿身心发展水平和认知特点为出发点，采取案例分析和操作示范相结合的方法，以游戏、表演为主要方式，随时、随机对幼儿进行安全教育。各种安全知识的注意事项见表6-3-1。

表 6-3-1 各种安全知识的注意事项

类型	注意事项
生活安全	不携带和玩耍锐利的器具，如剪刀、针头等 不把玩具、小物件等往鼻孔、耳朵里塞 上下楼梯时靠右行，不打闹、不推挤 不玩火、懂得火的危险，不擅自燃放烟花爆竹 不下江河湖泊玩耍，更不能擅自下河游泳 不逗玩猫、狗、蜂、蝎等可能伤人的动物、昆虫，不随便触碰植物 外出时紧跟家长或教师，不单独行动，不跟陌生人走 不爬墙、不爬树、不爬窗台 不从高处乱丢东西
饮食安全	进餐时不说话，不嬉闹，细嚼慢咽 不乱吃东西 不吃过期变质的食物 不吃陌生人给的食物

续表

类型	注意事项
活动安全	户外活动时听从教师安排，不擅自离开活动区域 玩大型玩具时，不抢不挤，依次进行 玩秋千、跷跷板时要坐稳抓牢 玩中型器械，如玩游戏棒时，不要伤到其他幼儿，特别是头和眼睛 玩小型玩具，如小珠子、小石子时，不要将其放入口、鼻、耳中 在活动中不做危险动作，不争不抢，礼貌谦让，不能抓、咬、打同伴等 活动中身体不适，要及时向老师反映
交通安全	认识红绿灯、斑马线等交通标识，知道它们的意义和作用 知道"人走人行道，走路靠右行" 不在马路上玩耍，不翻越栅栏等 认识常见的安全标志 乘坐校车要系安全带

2. 自救知识和求救方法

定期向幼儿传授安全自救知识，让幼儿在发生意外事故时能够自救，或者为救援争取更多的时间。要求幼儿记住110、119、120求救电话，知道它们的作用并能正确拨打使用；教会幼儿在独处遇到危险时要大声向周围呼救；要求幼儿记住自己的姓名、父母的姓名、家庭住址、电话号码等重要信息，并能清晰、准确地表述，知道在紧急情况下如何保护自己。

（三）确保环境设施安全

（1）托幼机构的选址要避开空气污染、噪声污染区域，出入口要避开交通主干道，楼层不超过三层，严禁使用危房，楼梯、窗户要装配栏杆。托幼机构必须配备医务室、消毒室、隔离观察室等。

（2）幼儿活动场地要经常打扫，除去砖头瓦砾、碎玻璃、油渍污物，保持场地平坦、卫生。

（3）托幼机构的桌椅、家具要做到圆边圆角，没有破损，以免引起外伤。

（4）幼儿的各种器械和玩具设计合理，材料安全无毒。

（5）剪刀、打火机、药品等要放置于幼儿无法接触的地方，妥善保管。

（6）幼儿活动场所中的电插座，要配备保护盖。

（四）建立安全检查制度

托幼机构应设专人定期和不定期的检查园内的房屋、场地、水电设施、家具、各种器械等是否出现损坏，若发现问题，应及时维修，清除安全隐患。

（五）严格执行有关安全管理的法律法规及制度

托幼机构应严格遵守并执行《中华人民共和国未成年人保护法》《中小学幼儿园安全管理办法》等有关法律法规，并从各个方面制订相应的安全管理制度，如安全岗位责任制度、设施设备管理制度、药品管理制度、食品卫生制度、活动安全管理制度、幼儿接送管理制度等。

（六）提高托幼机构工作人员的安全素养

　　加强托幼机构工作人员责任心的教育，提高其安全责任意识。始终把幼儿的生命安全放在工作的首位，制定切实可行的安全应急预案，时刻保持警觉，避免意外事故的发生。

　　4岁的静静是一名留守儿童，一直跟爷爷生活在一起。一天中午，静静突然喊肚子痛，还呕吐，脸色发白。静静爷爷怀疑是食物中毒，急忙将其送到了医院，经抢救，静静恢复了正常。后来经询问，原来静静误服了爷爷的降压药。

　　为了避免此类意外事故的发生，你该如何向幼儿普及安全知识呢？

　　请与同学讨论在幼儿园一日生活中的哪些环节有可能造成幼儿的意外伤害。

项目七 托幼机构保教活动卫生保健

活动导读

　　托幼机构的保教质量关系着幼儿发展。为幼儿提供优质的保教服务，培养幼儿全面发展是幼儿保育的根本任务。

　　本单元主要涉及托幼机构的卫生保健制度、教育工作和保育工作。了解托幼机构的健康检查制度、计划免疫制度、消毒制度、隔离制度、环境卫生制度等常见的卫生保健制度，并且掌握每个制度的内容和要求。同时熟悉幼儿生活活动的各个环节，了解生活活动卫生保健工作的重要性，掌握幼儿进餐、睡眠、盥洗、如厕、饮水等环节的卫生保健技能。要牢固树立"保教并重"观念，在教育活动中也要加强对幼儿的健康护理，真正做到"保中有教""教中有保"。

学习目标

　　1. 掌握托幼机构常规的卫生保健制度的内容及要求。

　　2. 理解制定托幼机构卫生保健制度的重要意义，注意培养幼儿健康的适应性行为。

　　3. 树立正确的职业观，在教育活动、生活活动、游戏活动的各个环节中关爱幼儿，防止意外事故的发生。帮助幼儿形成初步的生活自理能力。

任务1 托幼机构卫生保健制度

幼儿园大班的妞妞随父母到澳洲探亲,为期32天,正好赶上今天回来参加"六一儿童节"庆祝活动。保育员李老师在幼儿园门口一见到妞妞,就热情地拉着她的手,邀请她回幼儿园参加庆祝活动。

如果你是李老师,会怎么做呢?

一、健康检查制度

健康检查制度包括两方面:一是指对幼儿进行定期或不定期的体格检查。通过检查对幼儿进行生长检测,其目的是早期发现问题及指导处理,以降低幼儿的发病率和病死率。二是要求工作人员进行上岗健康检查,并定期体检。

(一)幼儿的健康检查

1. 幼儿入园前的健康检查

幼儿在入园前进行健康检查,一般有体格检查和家庭访问两种形式。体格检查通常在指定的医疗单位进行,主要用来了解幼儿的基本生长情况和健康状况,以判断其是否适合过集体生活,通常设有固定的检查流程和项目。此项检查结果,只在1个月内有效,离园3个月以上再次入园的幼儿必须重新接受健康检查。家庭访问是为了预先了解幼儿的病史,药物及食物过敏史,生活习惯、个性等,以便对幼儿进行针对性的个体化保健。

2. 幼儿的定期检查

除了入园前的健康检查,托幼机构应定期评价幼儿的生长发育水平,并及时发现潜在健康风险,并加以干预。一般来说,定期健康检查的时间为1岁以内每3个月检查一次,1周岁时做一次总体健康检查;1~3岁每半年检查一次,3岁时做一次总体健康检查;3~6岁时每年检查一次,6岁做一次总体健康检查。

3. 晨间检查及全日健康观察

晨间检查是托幼机构卫生保健工作的一个重要环节,应由有经验的保健人员切实执行,不能流于形式。晨检的内容可概括为"一问、二摸、三看、四查"。

"一问",主要是向家长或幼儿了解当日身体健康情况。对于带药来园的幼儿,及时做好'四核对',即核对姓名、药名药剂、用药时间和服药方法,并请家长提供喂药委托书。

"二摸",注意摸幼儿额头试温,摸下颌、颈部淋巴结以及以耳垂为中心的腮部有无异常。

"三看",注意看幼儿的面色、精神状态、皮肤等有无异常。

"四查",注意检查幼儿口袋或书包有无携带小刀、豆子、扣子、果冻、硬币等不安全的物品入园。除了晨检之外,保教人员还应结合日常护理,随时注意幼儿有无异常表现,观察重点是精神状态、体温、睡眠、大小便及食欲情况。每日巡视班级一次，及时发现、处理问题，并掌握幼儿的缺勤情况。在传染病流行期间，更应注意幼儿健康状况，做好环境消杀工作。幼儿晨检及健康情况记录表见表7-1-1。

表 7-1-1　幼儿晨检及健康情况记录表

日期	班级	姓名	年龄	性别	异常情况	处理方法	记录人

（二）工作人员健康检查

（1）托幼机构的工作人员入职前，须在指定医疗单位按常规进行健康检查，包括内科检查、肝功能等项目。

（2）入职后，每年须全面体检一次，持医疗体检单位的健康证明方可上岗，体检合格率必须达到100%。

二、计划免疫制度

计划免疫是根据免疫学原理、幼儿免疫特点和传染病发生规律而制定的免疫程序。通过有计划地使用生物制品进行预防接种，使幼儿获得可靠的免疫力，达到预防、控制和消灭传染病的目的。

（一）有关免疫的基础知识

预防接种的免疫方式有自动免疫和被动免疫两种。

自动免疫，按其获得方式不同，可分为天然自动免疫和人工自动免疫，见表7-1-2。

表 7-1-2　自动免疫

免疫方式	天然自动免疫	人工自动免疫
自动免疫	人体曾患上某种传染病后获得的免疫力。如流行性腮腺炎、水痘患病后获得的终生免疫	将抗原性物质（生物制剂）接种于人体，使人体自动产生特异性免疫力的方法，常用制剂有菌苗、疫苗、类毒素等

被动免疫，按其获得的方式不同，可分为天然被动免疫和人工被动免疫，见表7-1-3。

表 7-1-3　被动免疫

免疫方式	天然被动免疫	人工被动免疫
被动免疫	在自然情况下被动获得的免疫力，如母体经胎盘、乳汁传递给幼儿的抗体	指给人体注入抗体（生物制剂）而使机体立即获得免疫力的方法。常用制剂有各类抗毒素、抗毒血清或纯化免疫球蛋白制剂

（二）计划免疫程序

我国幼儿疫苗接种分为一类疫苗和二类疫苗。一类疫苗即免疫计划疫苗，是指政府免费向公民提供，没有特殊情况必须接种的疫苗。二类疫苗即非免疫规划疫苗，是指家长自愿选择、付费的疫苗。2021年3月国家卫健委发布了《国家免疫规划疫苗儿童免疫程序及说明（2021年版）》，国家免疫规划疫苗儿童免疫程序表见表7-1-4。

表7-1-4　国家免疫规划疫苗儿童免疫程序表

接种年龄	接种疫苗	可预防疾病
出生时	乙肝疫苗第1剂	乙型病毒性肝炎
出生时	卡介苗	结核病
1月	乙肝疫苗第2剂	乙型病毒性肝炎
2月	脊灰疫苗第1剂（灭活疫苗）	脊髓灰质炎
3月	脊灰疫苗第2剂（灭活疫苗）	脊髓灰质炎
	百白破疫苗第1剂	百日咳、白喉、破伤风
4月	脊灰疫苗第3剂（减毒活疫苗，口服）	脊髓灰质炎
	百白破疫苗第2剂	百日咳、白喉、破伤风
5月	百白破疫苗第3剂	
6月	乙肝疫苗第3剂	乙型病毒性肝炎
	流脑疫苗第1剂	流行性脑脊髓膜炎
8月	麻腮风疫苗第1剂	麻疹、风疹、流行性腮腺炎
	乙脑减毒活疫苗第1剂 或乙脑灭活疫苗第1、2剂（间隔7~10天）	流行性乙型脑炎
9月	流脑疫苗第2剂	流行性脑脊髓膜炎
18月	百白破疫苗第4剂	百日咳、白喉、破伤风
	麻腮风疫苗第2剂	麻疹、风疹、流行性腮腺炎
	甲肝减毒活疫苗或甲肝灭活疫苗第1剂	甲型病毒性肝炎
2岁	乙脑减毒活疫苗第2剂或乙脑灭活疫苗第3剂	流行性乙型脑炎
	甲肝灭活疫苗第2剂	甲型病毒性肝炎
3岁	流脑疫苗第3剂	流行性脑脊髓膜炎
4岁	脊灰疫苗第4剂	脊髓灰质炎
6岁	百白破疫苗第5剂	百日咳、白喉、破伤风
	乙脑灭活疫苗第4剂	流行性乙型脑炎
	流脑疫苗第4剂	流行性脑脊髓膜炎

拓展阅读

预防接种异常反应

预防接种的免疫制剂属于生物制品，对人体来说是一种外来刺激。活菌苗、活疫苗的接种实际上是一种轻度感染，死菌苗、死疫苗对人体也是一种异物刺激。因此，免疫制剂在接种后一般都会引起不同程度的局部或全身反应。如果出现低烧、头痛、轻度腹泻、偶尔有皮疹，往往在2~3天内可自行消失，是正常的反应，不用担心。但如果出现的是过敏性皮疹、过敏性紫癜、过敏性休克和晕厥等症状，被称为疫苗接种异常反应，需要采取紧急对症处理措施。

（三）托幼机构免疫规划制度

（1）每学年开学初，针对新生，做好接种证的查验、统计和上报工作。发现未种、漏种幼儿认真做好登记。

（2）组织适龄幼儿根据规定的免疫程序进行疫苗接种，并宣传免疫预防知识；建立幼儿预防接种登记档案，及时做好统计、上报工作，档案应长期妥善保管。

技能高考

1. 给外伤的病人注射破伤风属于是（　　　）

   A. 人工自动免疫　　　　　　　　　B. 人工被动免疫

   C. 非特异性免疫　　　　　　　　　D. 自然自动免疫

2. 以下特异性免疫制剂中，属于被动免疫制剂的是（　　　）

   A. 菌苗　　　　　　　　　　　　　B. 免疫血清

   C. 疫苗　　　　　　　　　　　　　D. 类毒素

三、消毒制度

消毒工作是托幼机构根据卫生行政部门的规定和要求，对室内外环境、玩具、餐具和其他活动场所、物品等进行定期消毒处理的一项工作，是通过消灭病原体，切断传播途径来预防传染病的重要措施。

托幼机构应制定卫生消毒制度，全体工作人员都要提高对消毒工作重要性的认识，并指定专人作为卫生管理员，监督管理全园的卫生消毒工作，设立卫生防病或消毒专项资金，制定消毒工作细则等，使卫生消毒工作制度化、常态化。可以从以下四个方面安排消毒工作。

（一）室内外环境消毒

室内外环境每日用消毒液（比例为1∶100的84消毒液）擦拭清扫。保持整齐清洁，室内空气流通，如图7-1-1所示。冬季每半日通风1次，每次10~15分钟。夏季要安装防蚊、防蝇、防蟑螂等防虫设施，垃圾要分类存放，如图7-1-2所示。

图 7-1-1　开窗通风

图 7-1-2　垃圾分类

（二）公共活动场所消毒

1. 寝室

每日紫外线消毒 30 分钟，每天开窗通风，一日 3 次，每次 20 分钟以上。寝室要勤打扫，幼儿被褥勤换洗并定期晾晒消毒，值日教师每日检查，保持寝室的清洁、空气清新、无臭气、霉味。

2. 厕所

厕所要幼儿专用，及时冲刷，做到清洁无异味，每日上午、下午各消毒一次。便池使用有效氯浓度为 350 毫克 / 升的消毒液擦拭，如图 7-1-3 所示。

3. 食堂

每日中午在室内无人的时候进行不少于 1 小时的紫外线灯照射消毒，如图 7-1-4 所示。

图 7-1-3　厕所消毒

图 7-1-4　食堂消毒

（三）常用物品用具消毒

（1）毛巾消毒。洗净后放消毒柜消毒，消毒后晾晒。

（2）水杯消毒。每日先用清水清洗，然后用洗涤剂清洗干净，再用流动水彻底冲洗干净，最后放消毒柜内消毒。在消毒柜内消毒时要求水杯口朝下，做到水杯里外无污渍、奶渍，水杯沿无锈渍。

（3）门把手、水龙头消毒。用打湿的抹布先擦拭，再用有效氯浓度为 100 毫克 / 升的消毒液擦拭，而后再用蘸有清水的抹布擦拭。

（4）玩具消毒。每周五用有效氯浓度为 100 毫克 / 升的消毒液浸泡玩具 10 分钟后，用清水刷洗，晾干备用。

（5）图书消毒。每周五在阳光下暴晒，如图7-1-5所示。

（6）床单被褥消毒。床单被罩每月清洗一次，每两周暴晒一次，如图7-1-6所示。

图7-1-5　图书消毒

图7-1-6　床单被褥消毒

（四）托幼机构常用的消毒方法

1.消毒灭菌的方法

（1）物理灭菌法：煮沸消毒、高压蒸汽灭菌法以及紫外线消毒。煮沸消毒是托幼机构常用的一种简便、有效的消毒方法，常用于毛巾、食具、茶具等消毒。水煮沸后开始计时，一般消灭细菌需煮沸10分钟，消灭病毒需煮沸20分钟，消灭细菌芽孢需煮沸90分钟。

（2）天然消毒法：用物理因素杀灭或消除病原微生物及其他有害微生物，如日光暴晒和自然通风。天然消毒法常用于被褥、床垫、图书等的消毒处理。不过受气候影响，消毒效果有局限性。

（3）化学消毒法：利用药物杀灭病原微生物的方法，所用药物称化学消毒剂。适用于托幼机构用品的化学消毒剂有含氯消毒剂、过氧乙酸、碘伏。消毒剂的种类及使用方法见表7-1-5。

表7-1-5　消毒剂的种类及使用方法

消毒剂种类	使用方法
含氯消毒剂	可以杀灭致病微生物，适用于环境、水、玩具、便器等的消毒。可以用浸泡法、抹擦法、喷雾法、干粉消毒法进行。含氯消毒剂避光、密封保存，在有效期内使用，现配现用。含氯消毒剂不宜用作金属器械、有色织物的消毒
过氧乙酸	可以杀灭微生物，可用于体温计、压舌板、手、衣服、空气等的消毒。可以用浸泡法、抹擦法、喷雾法、熏蒸法进行消毒。过氧乙酸化学性质不稳定，溶液应现配现用，每天更换。过氧乙酸对金属有腐蚀作用，最好用塑料容器存放溶液；对天然纤维织物有漂白作用，消毒后应尽快用清水洗净
碘伏	可以杀灭细菌繁殖体、部分真菌与病毒，适用于皮肤、黏膜等消毒。可以用浸泡刷洗法进行消毒。碘伏应阴凉处避光、防潮密封保存。消毒时若存在大量有机物，应适当增加消毒液的浓度或进行两次消毒

四、隔离制度

《幼儿园工作规程》第四章第二十条规定："幼儿园应当建立卫生消毒、晨检、午检制度和病儿隔离制度，配合卫生部门做好计划免疫工作。幼儿园应当建立传染病预防和管理制度，制定突发传染病应急预案，认真做好疾病防控工作。"

隔离制度是托幼机构控制传染病传播和蔓延的一项重要措施。即将传染病患者、病原体携带者或密切接触者同健康的人分开、阻断或尽量减少相互间的接触，并实施彻底的消毒和卫生制度。

托幼机构的隔离室最好能有两间以上，患不同传染病的幼儿应分别隔离，以免交叉感染。隔离室的用品应专人专用。具体包括以下四个方面的内容：

（一）对幼儿应及时进行隔离

当发现幼儿患传染病后，应立即将患儿进行隔离，并视传染病的种类以及病情的轻重，确定留园隔离方案。对患有不同传染病的患儿应分别隔离，以防交叉感染。被隔离的幼儿，应使用自己的餐具、用具以及专用的便盆等，医务保健人员应对其使用过的物品和排泄物及时进行消毒。在此期间，应委派专人对幼儿进行观察和护理。

（二）对密切接触者进行观察、检疫

与幼儿有过接触的幼儿或成人，应进行检疫、观察或隔离。对密切接触者和疑似病例的检疫期限根据该传染病的最长潜伏期而定。幼儿常见传染病的潜伏期、隔离期和检疫期见表7-1-6。检疫期间，该班不收新生入班，不与其他的班级接触。检疫期满后，无症状者方可解除隔离。

表 7-1-6　常见传染病的潜伏期、隔离期和检疫期

病名	潜伏期		隔离期	检疫期
	一般	最短～最长		
甲型病毒性肝炎	30 日	15~45 日	发病日起 21 日	45 日
乙型病毒性肝炎	60~90 日	28~180 日	急性期转阴	45 日
细菌性痢疾	1~3 日	数小时 ~7 日	症状消失后 7 日	7 日
流行性感冒	1~3 日	数小时 ~4 日	退热后 48 小时	3 日
麻疹	8~12 日	6~21 日	出疹后 5 日	21 日
风疹	18 日	14~21 日	出疹后 5 日	一般不检疫
水痘	14~16 日	10~21 日	病后 14 日	21 日
流行性腮腺炎	14~21 日	8~30 日	腮腺消肿后 7 日	21 日
流行性脑脊髓膜炎	2~3 日	1~10 日	发病后 7 日	7 日
猩红热	2~5 日	1~12 日	发病后 7 日	7~12 日

续表

病名	潜伏期		隔离期	检疫期
	一般	最短~最长		
百日咳	7~10 日	2~23 日	发病后 40 日	21 日
流行性乙型脑炎	7~14 日	4~21 日	至体温正常	不需检疫
手足口病	3~5 日	2~10 日	发病后 14 日	10 日

（三）对疑患传染病的幼儿进行临时隔离

当发现幼儿有患传染病的迹象时，应立即请保健医生诊断，不管是否确诊，都应进行个人临时隔离。临时隔离可以是在家中进行，也可以暂住在园内的隔离室，但应与已确定患有传染病的幼儿分开。

（四）对患病的工作人员应立即进行隔离

托幼机构中的工作人员如果患了传染病，应立即进行隔离。

五、环境卫生制度

托幼机构的环境卫生要求不仅影响着幼儿的身体发育，也影响着幼儿的心理健康。根据卫生学要求，建立完善的环境卫生制度，塑造一个干净、温馨的环境，是办好托幼机构的必备条件之一。

（1）室内外每天小扫除，每周大扫除一次，保持清洁整齐，每周五检查，不定期抽查。

（2）教具每天清洁擦拭，每周用 84 消毒液擦拭消毒一次。图书、地毯等在日光下暴晒 4~6 小时或紫外线灯消毒。大型玩具每天清洗保洁，特殊时期要求每天消毒。

技能高考

> 判断：教具每天清洁擦拭，每周用硝酸消毒液擦拭消毒一次。　　　　（　　）

（3）保持室内空气流通。冬季定时开窗通风，每半日一次，每次 10~15 分钟，冬季一般在户外活动时开窗通风，幼儿入室前关窗保暖。夏季空调房间至少每半日通风一次，每次 10~15 分钟，空调出风口每年清洗消毒两次。

（4）室内玻璃要保持清洁明亮，每周擦拭一次，如下页图 7-1-7 所示。水池、教具、窗台、衣柜等物品每日擦洗整理一次，每周消毒一次。

（5）各区域抹布、拖布专用（要做好标记），每次用后清洁悬挂干燥保存，如下页图 7-1-8 所示。保持清洁，污物桶加盖，要及时清倒垃圾。

（6）幼儿卫生间专用，卫生间要清洁通风无异味，引导和帮助幼儿大小便后要及时冲便池。卫生间地面每日至少拖三次。随时保持地面的清洁干燥，无积水，便池每日消毒。

（7）各班每周消毒，用紫外线灯照射不少于 40 分钟，然后开窗通风换气，自然净化。若托幼机构中发现传染病时，应延长紫外线照射时间及增加消毒次数。

图 7-1-7　窗户保持明亮

图 7-1-8　抹布专用

案例分析

　　保育员王老师第一天上班，对工作充满了热情。她仔细地观察每一个孩子，怕有什么意外。今天她发现一位幼儿有百日咳症状，立刻向班主任沟通了此事，并采取了一系列措施不让此病蔓延。

　　王老师的做法对吗？为什么？

课堂小活动

请结合实习经历说一说在幼儿园怎么给物品消毒。

任务 2　保育活动

---------------------------------- ● 案例导入 ● ----------------------------------

　　王老师想着：孩子们的情绪基本上都安定了，该学学自己洗脸了。于是取来了毛巾和塑料娃娃问小朋友们："瞧，谁来了？（出示娃娃）我们都很想跟它做好朋友，可是它的脸脏了，我们先帮它洗干净好吗？"边说边做示范：拧干水，先擦眼睛、鼻子、嘴巴，再擦额头、脸、下巴，最后擦脖子、耳朵。做完这些后，王老师对孩子们说："好，娃娃讲卫生了，我们一起玩吧！"

　　王老师的做法值不值得我们学习呢？

一、一日生活制度

　　托幼机构一日生活的合理规划和组织是引导幼儿健康成长的关键。科学安排幼儿的进餐、睡眠、游戏、学习等活动，不仅能提高一日生活中的各个环节的效率，也能帮助教师更好地管理班级，促进幼儿健康成长。

（一）制定合理的生活制度的意义

　　一日生活制度是指按科学依据把幼儿每日在园内的主要活动，如入园、进餐、睡眠、游戏、户外活动、教学活动、离园等进行合理安排，并形成一种制度。

1. 促进幼儿各个系统的正常发育

　　制定并实施合理的生活制度，可以使幼儿在托幼机构内的生活既丰富多彩又有规律性。有利于幼儿各个系统的生长发育。幼儿神经系统的发育尚未成熟、易疲劳，需要较长的时间进行休整。合理的生活制度，可使幼儿睡眠时间得到保证。

2. 帮助幼儿养成良好的生活习惯

　　生活中的一系列活动，按一定的时间和顺序重复多次后，就可在大脑皮层形成动力定型，即养成习惯，一旦动力定型形成后，幼儿就能按一定的规律有条不紊地完成每天该做的事，使幼儿的生活更有规律，且能达到"事半功倍"的效果。幼儿年龄越小，动力定型越容易形成。

3. 便于幼教工作者顺利开展工作

　　科学合理地安排幼儿一日生活，使他们身体心理健康发展，精力充沛、精神愉快，养成良好的生活习惯，为幼教工作者顺利地做好保育和教育工作提供了重要条件。

（二）制定一日生活制度的根据

　　由于每个托幼机构的办园特色不同，在一日生活的安排会有所不同，但制定一日生活制度的原则和依据是基本一致的，都需考虑到保教结合以及幼儿的生理、心理发展特点。大班幼儿一日生活作息表见下页表 7-2-1。

表 7-2-1 大班幼儿一日生活作息表

时间	环节	内容
8：00—8：20	入园、晨检	晨检接待、做好记录
8：20—8：40	晨间活动	幼儿自由选择区域活动
8：40—9：10	早操	组织幼儿做早操
9：10—9：20	喝水、如厕	组织幼儿喝水、如厕
9：20—9：30	点心	组织幼儿吃点心
9：30—10：00	第一节教学活动	组织活动、自选活动
10：00—10：30	第二节教学活动	组织活动、集中活动
10：30—10：40	喝水、如厕	户外活动前喝水、如厕
10：40—11：10	游戏和户外活动	组织幼儿进行户外体育游戏
11：10—11：50	快乐午餐	照顾幼儿进餐、介绍食物
11：50—12：10	餐后活动	散步、看书、手指游戏
12：10—14：30	午休	组织幼儿安静午休
14：30—14：50	音乐唤醒	照顾起床、盥洗、午检
14：50—15：20	点心	组织幼儿吃点心
15：20—16：20	游戏和户外活动	集体、小组游戏
16：20—16：30	离园准备活动	整理、回顾一天生活学习内容
16：30	离园	与家长做好交接工作

1. 结合幼儿的年龄阶段特点

要充分考虑幼儿的年龄特点，安排一日活动。幼儿年龄越小，活动量应该越小，活动和学习的时间应越短，休息和睡眠时间应越长，进餐次数应越多。

2. 结合幼儿生理活动的规律

为了完成教育教学的要求，在一天之中要合理安排上课、游戏、观察、劳动等各项活动，需要考虑到幼儿生理活动特点来穿插进行。上午七至十时是幼儿进行学习活动的最佳时间，上午十至十一时幼儿神经系统的兴奋度逐渐降低，可安排轻松愉悦的户外活动。午餐后，幼儿神经系统的兴奋度降至最低，因此需要午睡。下午经过睡眠调整后，幼儿神经系统的兴奋度逐渐恢复，但其兴奋度不如上午，不适合再安排学习，活动应以体操、户外游戏为主。

> 判断：幼儿一日生活主要依据幼儿自己的想法去安排。　　　　　（　　）

3. 结合地区特点和季节变化制定

制定一日生活制度要考虑到季节的变化。如冬季昼短夜长，天气寒冷，早上入园时间可适当推迟，并缩短午睡时间；夏季昼长夜短，早晚凉爽，入园时间可提早并延长午睡时间。

二、幼儿保育活动内容要求

托幼机构的保育活动主要有进餐、睡觉、盥洗、如厕、饮水、入园及离园等内容，各环节都有一定的卫生要求。

（一）进餐环节卫生保健

1. 进餐前的卫生保健

（1）创设良好的进餐环境

通常在进餐前 20 分钟，保教人员完成就餐环境的消毒工作。可指导中大班值日生擦桌子，分发碗筷，放轻柔的音乐，保持幼儿心情舒缓。幼儿进餐时间不少于 20 分钟。

（2）介绍食物

可以运用儿歌、谜语故事等方式，让幼儿讨论今天的食物，既能引起幼儿的兴趣，增强他们的食欲，还能帮助他们学到简单的生活知识。

（3）引导幼儿进行餐前准备

组织幼儿分组去卫生间洗手、如厕。

2. 进餐中的卫生保健

（1）不进行说教，不强迫幼儿吃饭

教师要注意进餐时不处理班级或幼儿当天发生的问题，不在这个时间段对幼儿进行说教，不影响幼儿的进餐情绪。

（2）培养良好的进餐习惯和卫生习惯

进餐时要求幼儿安静地进餐，不说话，不左顾右盼，细嚼慢咽，不挑食、不剩饭菜，并提醒幼儿保持桌面、地面、衣服的清洁，不掉饭撒饭，不用衣袖擦嘴。

（3）注意培养幼儿的进餐能力

引导小班幼儿能一手拿勺、一手扶碗，吃完自己的一份饭菜；引导中大班的幼儿使用筷子，不浪费粮食。在小班学期结束时，让家长在暑假里锻炼幼儿使用筷子。对不会使用筷子或使用不熟练的幼儿，应积极地引导，适当地给予帮助。

3. 进餐后的卫生保健

进餐后，要注意让幼儿养成擦嘴、漱口、收拾碗筷的良好习惯；所有幼儿进餐完毕后由保教人员收拾并打扫卫生，可引导幼儿在室内安静活动。

拓展阅读

如何正确地使用筷子

筷子头碰头、脚碰脚。两个朋友一样长！让幼儿跟着儿歌学习使用筷子：先竖起筷子，让筷子一头立在桌面上，使筷子一样长。大多数人是用右手执筷，幼儿初学使用筷子却经常会出现左右交替的现象，保教人员不用焦急，应耐心指导告诉幼儿正确执筷的方法：

两支筷子并排，用大拇指、食指和中指进行控制，靠近掌心的那支筷子固定不动，另一支筷子上下运动夹食物。

使用筷子时，应注意应有的礼节：

（1）不能把筷子拿在手里，手舞足蹈，也不能拿筷子对着其他小朋友。

（2）不能把筷子放在嘴巴里咬。

（3）不能用筷子敲打碗。

（二）睡觉环节的卫生保健

睡眠对促进生长发育有重要意义，必须保证幼儿有充足的睡眠时间，只有这样，才能消除一天的疲劳，保证神经系统的正常活动。

1.睡觉前的卫生保健

（1）做好准备工作。教师应做到以下准备工作：一是要根据季节变化为幼儿选择合适的床品；二是睡前提醒幼儿如厕；三是要求幼儿不做剧烈运动，保持情绪平静；四是要求幼儿安静地上床，不与同伴讲话、疯闹。

（2）创设睡眠环境。教师要为幼儿创设一个安静、舒适、整洁的睡眠环境。在睡眠前开窗通风，室内光线不宜太强，卧室内选用的窗帘厚度适宜，能够遮光。

（3）引导和教会幼儿自己脱衣。教师要培养幼儿的自理能力，指导幼儿自己脱鞋子，鞋子在小床前摆放整齐，再脱衣服。

2.睡觉过程中的卫生健康

（1）培养幼儿正确的睡姿

教师要细心观察幼儿睡眠，若发现幼儿有不当的睡姿时，要及时纠正。以右侧睡和平睡为宜，不蒙头睡，不用手压着心脏、腹部、头脸，宜用鼻呼吸。

（2）做好巡察工作

教师应随时观察幼儿睡觉是否平稳，看幼儿有没有盖好被子，有没有闭上眼睛，是否在被子下面玩儿等，并及时地纠正，让幼儿安静入睡。

（3）及时处理突发状况

要及时处理幼儿睡眠中出现的一些问题，比如幼儿尿床了，教师要及时给幼儿清洗干净，换上干净的衣裤，换好被褥，让幼儿继续睡。对于哭闹的幼儿，教师应轻轻走过去，安抚幼儿，在床边陪伴一会儿。如果有幼儿要起床小便，要帮助做好保暖工作。同时提醒幼儿轻起、轻睡，不要影响其他人。

3. 睡觉后的卫生保健

（1）收拾整理

幼儿午睡起床后，教师第一时间指导并帮助幼儿穿好衣物和鞋袜，引导幼儿两人一组互相帮助，铺平床单，叠好被子。

（2）午检

检查幼儿的面色，精神状态有无异常；检查幼儿的衣服有没有穿好，纽扣、拉链有没有整理好，裤子有没有束好，鞋子有没有穿反。

（三）盥洗环节的卫生保健

1. 盥洗前的卫生保健

盥洗室需要在显眼的位置放置好洗手液和小毛巾。墙面上为小班幼儿贴上洗手流程图、动作分解图，引导幼儿正确洗手。中大班幼儿可以在教师的帮助下，自己创作提示画，贴在盥洗室的墙壁上，提醒幼儿在洗手中的各种注意事项。

2. 盥洗中的卫生保健

（1）引导幼儿正确洗手。在洗手的过程中，提醒幼儿不要将水龙头开得过大，不要弄湿衣服。及时关闭水龙头，培养幼儿节约用水的意识。

（2）引导幼儿正确洗脸、擦嘴巴。每天早晚要洗脸，饭前饭后要擦嘴巴。洗脸要洗到耳朵、耳朵孔以及脖子。冬天洗好脸，要给小脸涂上润肤乳。

拓展阅读

正确的洗脸顺序

洗脸时，引导幼儿先洗眼，从内眼角洗到外眼角，再洗额头、两颊、下巴、嘴巴、鼻子，把毛巾翻一面，然后洗耳朵、耳朵孔、耳根部以及脖子。

（3）引导幼儿正确刷牙、漱口。每天早晚要刷牙，饭后漱口。正确的刷牙方法是：上下刷、里外刷，每个牙齿都刷到，尽量刷 3 分钟。漱口时要反复几次，冲洗牙齿口腔，吐水时注意不要打湿衣服。

（4）引导幼儿勤洗澡、洗头。幼儿应定期洗澡、洗头。每天早晚及午睡后用沐浴液或香皂洗净身体的裸露部分。夏季可以隔一两天洗一次头，冬季可以隔三五天或一个星期洗一次头。

三、如厕环节卫生保健

如厕环节的工作是幼儿园一日生活中很特殊的一部分。对幼儿来说是一件私密的事，对教师来说需要极大的耐心去完成。所以要想成为一名合格的幼儿教师，首先要从心理上接受、认可这一环节。

如厕环节的一个首要工作是帮助幼儿养成按时排便的习惯。对于小班的幼儿，首先应教他们来表达要大小便的欲望，同时还要教给他们如何坐盆或蹲便，使他们逐渐适应幼儿园生活。

幼儿在如厕后，教师要提醒幼儿洗手，并及时拖干洗手池周围的地面，防止幼儿打滑摔跤。除此之外，还要观察了解幼儿排尿、排便的情况，以便及时发现疾病，及早采取措施。

拓展阅读

幼儿大便告诉我们的

（1）大便呈糊状常见于饮食过量引起的消化不良。

（2）稀水便常见于急性胃肠炎。

（3）黏冻状大便常见于慢性结肠炎或慢性菌痢。

（4）羊粪状硬粒大便常见于便秘。

（5）米泔样大便常见于急性肠道传染。

（6）大便发黑发亮常见于消化道出血。

（7）白色陶土样大便可能是胆道阻塞。

（8）脓血便见于急性菌痢。

（9）果酱样大便常见于肠套叠。

四、饮水环节卫生保健

幼儿教师自身首先要认识饮用白开水的重要性，并引导幼儿多喝白开水。

（1）引导幼儿在指定地点接水、喝水。为幼儿准备专用水杯。

（2）组织幼儿集体饮水，通常可在上午 10 点左右，户外活动后，午睡起床后。

（3）幼儿喝水的时候，要一口一口喝，不说话，不嬉笑打闹，以免呛咳。喝完水，教师指导幼儿把杯子放回原位。

五、入园、离园环节的卫生保健

入园和离园是幼儿在园一日生活的开始和结束环节，这两大环节对于幼儿能否接受、喜欢幼儿园生活以及家长是否认可幼儿园工作有着直接影响，让幼儿开心入园，安全离园是每一个幼儿教师义不容辞的责任。

（一）入园环节的卫生保健

1. 环境准备

（1）教师应提前到岗，做好迎接幼儿的准备。如在空气条件允许的情况下，打开教室盥洗室、活动室、走廊所有场所的窗户，保持空气流通，为幼儿准备好饮用水。

（2）教师应提前配备消毒水，做好室内外清洁卫生与物品消毒。

（3）教师按当天晨间活动的安排，为幼儿提前准备好活动所需材料。

（4）教师应将幼儿考勤表、家长交代事项记事本与喂药委托及服药记录表准备好，放置在活动室门口显眼处。

2. 接待幼儿

（1）教师以热情、亲切的态度主动向幼儿、家长问好，与家长简单交流。必要时协助晨检和接待工作。

（2）接待教师要面带微笑、热情地向幼儿及家长问好。弯腰或下蹲拥抱幼儿，并进行简短询问和交流。

（3）保健医生要把好大门晨检第一关，晨检可遵照"一问、二看、三摸、四查"的步骤开展。

3. 物品交接

（1）教师接过家长手中的物品，叠放整齐，放进幼儿的储物格。

（2）耐心询问家长是否有其他交代事项，将家长交代的事项细致写在《家长交代事项记事本》上，及时分工处理，并于处理完毕后签字确认。

（3）需喂药的幼儿，请家长务必填好《喂药委托及服药记录表》并签字。保健医生将幼儿药品上标上姓名，放入药盒中，进行妥善保管。

4. 幼儿交接

接待教师带领幼儿进园并将幼儿交接给班级内教师，同时将幼儿身体、情绪等方面的情况如实告知。

（二）离园环节的卫生保健

离园环节是幼儿在园一日生活中的最后一个环节，也是幼儿最开心的环节。教师一定要坚持站好最后一班岗，做好安全工作，给幼儿充实的一天画一个圆满的句号。

1. 离园前准备

（1）组织幼儿安静游戏，认真进行晚检。

（2）检查幼儿衣裤，指导并帮助幼儿学习整理服装。

（3）提示幼儿检查收拾好自己的生活和学习用品。

2. 离园交接

（1）热情主动地向家长反馈幼儿在园情况，照顾未离园的幼儿。

（2）组织幼儿安全离园，遇到陌生人来接，必须与幼儿家长进行电话或其他可信方式确认。

（3）提醒幼儿有礼貌地向教师和小朋友告别，幼儿全部离园后，填写离园交接单。一天活动结束之后，教师还应将各个幼儿活动场所仔细打扫干净，做好清洁、消毒工作，为幼儿新一天的一日活动做准备。

案例分析

心怡要去幼儿园实习了，在课堂上她已经熟知照护幼儿吃饭的注意事项，可是在实际工作中，她发现幼儿吃饭时有嬉戏打闹、挑食等现象。她很着急，不知道怎么办才好。

心怡应该如何处理？如何照护幼儿就餐？

课堂小活动

请从幼儿的一日生活中任选一个环节进行模拟和照护。

任务3　教育活动保育

●案例导入●

户外活动时，李老师让小朋友自己选择游戏器械，很多小朋友选择了剪刀车，辰辰本来也想选择剪刀车玩，可惜"下手"慢了些，剪刀车都被别的小朋友选去了，他看上去有点不开心，走过来告诉李老师："老师，我想玩剪刀车，可是剪刀车都被他们抢光啦！"李老师安慰他："要不你先去玩一会儿扭扭车吧，等会儿可以跟玩剪刀车的小朋友换一换，好吗？"他觉得有点道理，就推着扭扭车去玩了。没过多久，辰辰又跑过来说："老师，我不想玩了，他们不跟我换剪刀车。"李老师看了看玩剪刀车的小朋友，有的在比赛，有的自己在玩，正是起劲的时候，李老师就说："要不你再等一等。"他没说话，把扭扭车开走了。不一会儿，李老师发现，他把扭扭车放到了原来的位子，换了一个皮球来拍，拍着拍着发现自己还不会拍皮球，又跑到放器械的地方，换了一把手枪过来。一个小时的户外活动时间，辰辰换了四五次器械。

这个案例说明了什么问题呢？

一、教学活动卫生要求

教学活动的卫生保健不仅包括清洁卫生要求，还包括教学活动环节、时间的合理安排。

（一）合理安排教学时间

教学时间应安排在幼儿每日精力充沛的时间段内。研究表明，幼儿宜在早饭后半小时后开始教学活动，各年龄段幼儿进行教学活动的时间和次数有所差异。小班每日 1 节课，每节 10~15 分钟；中班每日 2 节课，每节课 20~25 分钟；大班每日 2 节课，每节 25~30 分钟。

（二）营造良好的教学环境

教学环境要干净卫生，并有良好的通风换气设备，保证室内空气清新，室内宽敞明亮、光线充足的，尽量使用自然光。教学活动中使用的桌椅高度要符合幼儿的身高，教室墙面要美观，富有教育意义，能够吸引幼儿的注意力。

（三）培养幼儿正确的坐姿

教学时，要让幼儿坐端正，形成良好的坐姿。

正确的上课坐姿：双脚自然并拢平放，双手自然摆放，长时间坐着时可以轻轻靠在椅背上。

正确的绘画、写字姿势：上身与桌子保持适当距离，双脚自然平放，上身不歪斜，时刻提醒幼儿注意用眼卫生，眼睛和桌面距离为 30~35 厘米为宜。

判断：幼儿眼睛和桌面距离为 30~35 厘米为宜。　　　　　　　　　　　　（　　　）

二、体育活动卫生要求

在托幼机构中，体育活动主要包括户内、户外开展的运动，以及利用自然环境和材料开展的活动。运动的目的是提高幼儿的身体素质，锻炼小肌肉力量，发展平衡协调能力，以及让幼儿充分适应自然环境。

（一）了解幼儿已有水平，注意运动的难度

为幼儿选择体育项目时，必须依据幼儿身心发展的水平与特点及幼儿教育的基本原理去有针对性地开展活动。学前儿童的体育活动应该保证适宜的运动负荷，包括生理负荷和心理负荷，其中活动量的大小直接影响到幼儿体育活动的成效。对幼儿的生长发育不利或有可能造成危害的运动，必须绝对禁止。

（二）注重培养幼儿的自我保护能力

幼儿运动系统发育不完善，在体育活动中常会发生一些安全意外事故。因此，要让幼儿在学习体育技能的同时学会自我保护。在教学过程中，教师除了要做好准确的示范外，还要提醒幼儿动作的要点、难点，引起幼儿注意。

（三）合理安排体育活动时间

炎热的夏天，气温高，体育活动要适当降低运动量，上午进行体育活动比下午适宜；下午阳光猛烈，要注意预防中暑，夏天运动出汗较多，要注意补充水分，及时擦汗。寒冷的冬天，适宜增加幼儿的练习密度和运动量。活动时，幼儿出汗，先用毛巾擦去汗水再减少衣服；活动后，擦去身上的汗再增加衣服。春季，南方常下雨，湿度大，适宜多开展室内活动。

（四）创设安全、卫生的运动环境

户外体育场地的位置以及运动器械的大小、重量应符合幼儿身体发育特点。对运动器材、器械要定期检查、修理、保养。对室内活动场地、软垫要定期清洁、消毒，让幼儿有一个安全、卫生的运动环境。在室内活动场所中，最好是铺上木地板或是软垫，活动时，可以要求幼儿赤足，这既能避免尘土飞扬，保持场地的卫生，又能对幼儿的脚部起按摩的作用，有利于幼儿触觉、运动觉的发展。

三、游戏活动卫生保健

《幼儿园工作规程》指出："游戏是对幼儿进行全面发展教育的重要形式，幼儿是在生活和游戏中学习和发展的。"游戏活动对于幼儿的生理发展和心理健康都有着十分重要的意义，而做好游戏活动的卫生保健是幼儿顺利进行游戏活动的基本保障。

（1）根据实际情况有计划地开展符合地域特点和本园特色的室内外活动。冬天天冷地滑时，要防止幼儿摔倒冻伤，夏天日照强烈时，可选择在树荫或凉棚下活动。

（2）保证合理的户外游戏活动时间。幼儿在春、夏、秋三个季节的每日户外活动时间不少于3~4小时，冬季每日户外活动时间不少于2小时，其中1小时为体育活动时间。

（3）为幼儿提供安全的玩具，并教育幼儿不乱吞食东西。

（4）自由游戏时，要做到放手不放眼，始终让幼儿在自己的视线内，以免幼儿因教师的疏忽而发生意外伤害事故。

（5）游戏场地应保持清洁卫生。游戏活动前可根据游戏内容与需要洒水或擦湿地面，避免尘土飞扬，同时应仔细检查场地是否平整，有无安全隐患。

四、艺术活动卫生要求

（一）美术活动卫生要求

1. 安全使用工具

在活动前，需告知幼儿各种工具的安全用法，告诫幼儿在活动中不做危险的动作。例如：不把铅笔放入口中，不拿剪刀的尖部对着人。

2. 合理安排时间

由于幼儿小肌肉群发育较晚，手部精细动作力量较弱，因此绘画、写字的持续时间不宜过长，一般以 5~10 分钟为宜。

3. 注意个人卫生

在美术活动时，要注意培养幼儿良好的个人卫生习惯。例如：画画时，要提醒幼儿小心使用颜料，以免弄到衣裤、皮肤上；剪纸时，要把剩下的碎纸屑放入垃圾桶。

（二）音乐活动卫生要求

1. 选择适合的音乐作品

为幼儿选择音域适宜的歌曲，节奏和拍子不宜太复杂，唱歌时间不宜过长，通常以 4~5 分钟为宜；舞蹈动作设计尽量简单、易学的。

2. 引导幼儿正确发声

幼儿在唱歌时，同书写一样，要保持良好的坐姿，身体端正，两腿放平，双手自然下垂或者平放在腿上。幼儿唱歌时，也可采用立姿，身体和头部保持正直、放松，两手自然下垂在身体两侧，并让幼儿用自然的声音发音，嘴巴自然张开，下巴放松，不大声喊叫。

3. 创设适宜的环境

在音乐活动之前，教师要清扫地面的垃圾，让室内空气保持清新，温度不宜太低，以免引起幼儿呼吸道感染。在寒冷的冬季和炎热的夏季，均不宜安排幼儿在户外唱歌。

技能高考

判断：1. 可以为幼儿选择唱他们喜欢的流行歌曲。	（　　）
2. 幼儿进餐时间最好控制在半小时以内。	（　　）
3. 空气浴、日光浴、水浴锻炼可以在一天内同时进行。	（　　）

案例分析

欢欢画画的时候总喜欢歪着头，王老师和欢欢妈妈说了好几次，希望妈妈在家也注意提醒他不要歪头画画，可是欢欢妈妈说："长大自然就好了。"

欢欢妈妈的话有道理吗？为什么？

课堂小活动

请模拟一个游戏活动场景进行保育实训。

项目八　托幼机构环境卫生保健

● 活动导读

　　托幼机构环境是指托幼儿身心发展所必须具备的一切物质条件和精神条件的总和，既包括人的要素，又包括物的要素；既包括托幼机构内的小环境，又包括家庭、社会、自然的大环境。本单元内容主要探讨的是托幼机构内的小环境，力求为幼儿提供一个健康丰富的物质环境和轻松愉快、平等有爱的精神环境，满足他们多方面发展的需要，使他们在快乐的童年生活中获得有益于身心发展的经验，总而言之，良好的环境对于幼儿的成长具有十分重要的意义。

【学习目标】

1. 了解托幼机构的选址要求、建筑标准，熟悉相关法律法规。
2. 掌握托幼机构房屋、设备等物质环境以及师幼关系等精神环境的卫生要求。
3. 能够主动为幼儿创设符合其身心发展规律的物质环境和精神环境。

任务 1　托幼机构物质环境卫生保健

●　案例导入　●

　　彤彤今年 7 月份就满 3 岁了，父母准备送她去上幼儿园，但是如今各种类型的幼儿园层出不穷，该选择哪所幼儿园让他们纠结不已。是选有名的，还是选离家近的呢？是选寄宿制的，还是选离家近的呢？

　　彤彤的父母该如何选择呢？

一、托幼机构选址的要求及规范

　　好的环境是成功开办托幼机构的前提和条件，托幼机构周围的环境可直接影响招生工作、安全保障以及教育评价，对托幼机构的稳定经营与长远发展起着重要的基础作用。

（一）满足教育功能

　　在特定的距离范围内，托幼机构周围的小区街道可以在道路两旁设置适当的树木或草坪，选址可在文化氛围浓厚的地方，让幼儿能处于较好的情绪环境和文化熏陶之中。对于幼儿来说，良好的情绪教育是必要的。

（二）满足环境需求

　　托幼机构的选址还应考虑良好的环境。选址应远离有空气污染、噪声污染、电磁波污染等区域，如工厂、闹市区和交通繁忙的路段等。如果由于特殊情况无法远离这些地方时，选址应处于当地主导风向的上风向，同时还要提供适当的卫生防护距离，形成对幼儿的安全保护屏障。

（三）满足室外活动需求

　　托幼机构的选址最好处于日照能得到充足保障的地方，周围的毗邻地界没有高大建筑物的遮挡，周边有优美的绿化带做环境保障，有了这些便利的条件才可为幼儿的室外活动提供保障。

（四）满足其他功能需求

　　托幼机构选址应考虑到附近是否有方便的供电、供水和排水条件或者设施，以防安全事故的发生；选址应考虑到建设基地是否有足够的空间满足托幼机构的功能空间布局，主次出入口、游戏和活动设施、种植等。选址的时候，一定要观察一下周边的道路是否通畅，有没有地铁站、公交站等设施，很多家长给幼儿选择托幼机构的时候，都会将交通作为比较重要的考量因素。便利的交通方便家长接送幼儿，也利于托幼机构的招生和宣传。

二、托幼机构室外环境的卫生要求

　　每所托幼机构都有各自的特色，托幼机构的户外环境是家长了解其教育理念、办学特色的一个窗口。因此，各个室外场所要遵循卫生制度的要求，在安全卫生的基础上，充分考虑环境的绿化和美化。

（一）园门及围墙

园门是托幼机构对外形象的代表，往往给人留下第一印象。门面、围墙的设计应该与托幼机构的整体环境和建筑风格相协调，并能体现托幼机构的教育特色。

（二）户外绿化环境

托幼机构户外的绿化环境以花草为主，乔灌木为辅。园地边界宜采用乔灌木搭配种植，以形成托幼机构与外界的隔离带并使主体建筑在绿化的环境中格外醒目。而托幼机构内部则应种植花卉和地被植物，不宜种植高大的树木，以防阻挡室内自然采光和通风。托幼机构内禁止种植有毒、带刺植物，绿化面积的理想标准是达到总面积的 40%~50%。

（三）户外活动场地

托幼机构必须设置各班专用的户外活动场地，每班的户外活动场地面积不应少于 60 平方米，各活动场地间宜采用分割措施，地面为弹性地面。除此之外，还应有全园共用的户外活动场地，其面积不宜小于以下计算值：户外共用活动场地面积（平方米）= 180+20（N−1）（注：N 为班级数）。

三、托幼机构内部布局的卫生要求

（一）托幼机构的建筑布局

一般来说，托幼机构的规模分为小、中、大三种类型，5 个班以下为小型，6~9 个班为中型，10~12 个班为大型。

托幼机构的建筑用地由生活用房、服务用房、供应用房构成。托幼机构内各种用房面积以每名幼儿不低于 5 平方米为宜，要求以平房为佳，楼房以 2~3 层为宜，不应采用高层建筑。

生活用房是托幼机构内的主体建筑，包括活动室、寝室、卫生间、衣帽储存室等。一般将小、中班安排在低层，大班安排在高层，音体活动室可安排在较高层。当活动室与寝室合用时，其房间最小使用面积不应小于 105 平方米。托幼机构中生活用房各单元最小使用面积见表 8-1-1。

表 8-1-1　托幼机构中生活用房各单元最小使用面积　　　　　　　　单位：平方米

房间名称		房间最小使用面积
活动室		70
寝室		60
卫生间	厕所	12
	盥洗室	8
衣帽储存间		9

> 判断：托幼机构的建筑用地由生活用房、服务用房、供应用房构成。　　　　（　　　）

服务用房与供应用房是附属建筑物。服务用房包括医务与保健室、隔离室、晨检室、办公用房、教职工厕所等。供应用房是托幼机构的后勤服务用房，主要包括厨房、洗衣房等。

（二）托幼机构建筑用地的安全要求

（1）托幼机构的生活用房在一、二级耐火等级的建筑中，不应设在四层及四层以上，三级耐火等级的建筑不应设在三层或三层以上。

（2）主体建筑走廊净宽度不应小于走廊最小净宽度的规定。

（3）在托幼机构安全疏散和经常出入的通道上，不应设有台阶。必要时可设防滑坡道，其坡度不应大于 1 ：12。

（4）楼梯、扶手、栏杆和踏步应符合下列规定。

① 楼梯除设成人扶手外，还应在靠墙一侧设幼儿扶手，其高度不应大于 0.6 米。

② 楼梯栏杆垂直线饰间的净距离不应大于 0.11 米。当楼梯井净宽度大于 0.2 米时，必须采取安全措施。

③ 楼梯踏步的高度不应大于 0.15 米，宽度不应小于 0.26 米。

四、托幼机构室内建筑的卫生要求

托幼机构的室内环境主要指的是幼儿活动的内部环境，具体包括活动室、厨房、医务室等。

（一）活动室

活动室是幼儿生活和活动的主要场所。每个幼儿所需的活动室面积为 1.3~2.4 平方米，活动室总面积不得小于 50 平方米。

（1）活动室要有良好的朝向和日照条件。冬至日，满窗日照不低于 3 小时，夏季应避免阳光直射。

（2）活动室的设计应遵循防火规范的有关规定，房间最远点到房间门的直线距离应小于 14 米，最好设两个门且门宽大于 1.2 米。

（3）活动室宜为暖性、弹性地面，室内墙面宜采用光滑易清洁的材料。墙角、窗台、暖气设施、窗口竖边等棱角部分必须做成小圆角，以防安全事故。

（4）活动室不应装易碎玻璃，窗台距地面高度不宜大于 0.6 米。楼层无室外阳台时，应设护栏，所有外窗均应加设纱窗，窗户应有遮光设施。

（二）寝室

寝室在托幼机构中为幼儿提供了休息与状态调整的空间，因此在设计的过程中要注意营造舒适的氛围，保证卫生、安全各项指标都能够过关。

（1）寝室的要求与活动室基本相同。但天然采光率要比活动室稍低，要保证每个幼儿有一个床铺。

（2）寝室内主通道不应少于 0.9 米，次通道不应小于 0.5 米，两床之间通道不宜小于 0.3 米。

（3）寝室要保证有良好的通风条件。寄宿制托幼机构卧室的位置应朝南，以保证能有紫外线对室内消毒。

（4）寝室墙面宜用浅色，应配有遮光性较强的深色窗帘。

（三）卫生间

每班应设有一间卫生间，使用面积为 15 平方米，人均 0.5 平方米。每班卫生间的卫生设备数见表 8-1-2。此外，女厕大便器不应少于 4 个，男厕大便器不应少于 2 个。卫生间应邻近活动室或寝室，且卫生间的门不宜直对卧室或活动室。

表 8-1-2　每班卫生间的卫生设备数　　　　　单位：个

卫生设备	污水池	大便池	小便池	盥洗台
数量	1	6	4	6

卫生间所有设施的配置、形式、尺寸均应符合幼儿人体尺度和卫生防疫的要求，洁具布置应符合以下规定：

（1）盥洗池距地面的高度宜为 0.5~0.55 米，宽度宜为 0.4~0.45 米。

（2）大便器宜采用蹲式便器，大便器或小便器槽均应设隔板，隔板处应加设扶手，厕位的平面尺寸不应小于 0.7 米 ×0.8 米，坐式便器的高度宜为 0.25~0.3 米。

（四）贮藏室及衣帽间

（1）装修材料应有阻燃和防火性能，注意要避免使用易燃材料。

（2）使用的装修材料要符合国家有关部门规定，无毒、无放射线、不释放有害气体。

（五）厨房

（1）托幼机构厨房主要包括主副食加工间、主食库、副食库、冷藏室、配餐间、消毒间等，其设计使用面积应根据开设班级数决定。

（2）厨房应选择干燥、有排水条件和电力供应的区域，不得设在易受污染的区域，应设在生活用房的下风位。除此之外，厨房还应有良好的排风设施，避免油烟等气味进入其他功能室。

（六）医务室和隔离室

托幼机构的医务室与隔离室在功能上应紧密相连，结合设计，中间以玻璃隔断，便于医护人员能随时观察到幼儿的一举一动。

医务室选址最好在托幼机构大厅入口，这样能保证园内的环境与卫生，尽可能地将传染病防绝在门外，使用面积不应少于 15 平方米，且应有较好的天然采光和自然通风条件。医务室里需要设置有生活垃圾桶和医疗垃圾桶。

隔离室是为控制传染病、维护幼儿健康而设置的临时专用空间，由卫生保健教师负责。隔离室应设在一楼疏散通道门口最近的地方，要求相对独立，使用面积一般为 10~16 平方米，门口需设立醒目的隔离室标识，设置陪护区、图书角及游戏区。

五、托幼机构室内环境的卫生要求

(一)采光与照明

托幼机构具有良好的室内环境,是开展正常教学活动、促进幼儿身心健康发展的必要要求和条件。除了托幼机构的选址、布局设计、建筑设计之外,采光和照明也非常重要。

托幼机构的生活用房、服务用房、供应用房等均应有直接天然采光。室内天然采光的卫生要求:满足采光标准,桌面和黑板面有足够的光照,双侧采光应将采光窗设在左侧,光线分布较均匀。

除了天然采光外,托幼机构还应具备科学的人工照明,人工照明是指利用人工光源的光线,以弥补自然采光的不足。室内人工照明的卫生要求与自然采光的要求基本一致,但还需要注意以下5个方面问题:

(1)每种光源的照明亮度和"光污染"影响会不相同,白炽灯、镜面白炽灯及荧光灯造成的光污染影响较小,室内可多采用此类光源。局部照明时应用遮光性好的台灯,以阻挡这类光源所含的红外线辐射。

(2)使用荧光灯照明时,应尽量减少明暗交替或闪烁现象,以保护幼儿视力。

(3)寝室安装地脚灯,以便夜间照明时,不影响幼儿睡眠。

(4)光源应均匀布置,光源距离一般是灯间距的一半且最低悬挂高度为2.4米。

(5)避免灯光直射入眼。

(二)通风与采暖

1.通风

托幼机构的用房应有良好的自然通风,其通风面积不应小于地板面积的1/20。厨房、卫生间等均应设置独立的通风系统;活动室和寝室应具备可开启的自然通风外窗。

2.采暖

冬季天气寒冷,为防止幼儿生病,园内须做好采暖工作。幼儿采暖和成人采暖有很大的不同,首先要保证采暖的安全性,其次要保证采暖的舒适度,最后要保证采暖的环保性。

托幼机构的采暖方式一般有集中式采暖(热水式采暖、蒸汽式采暖)和局部式采暖(火墙、地炕、火炉)两种。托幼机构房间的供暖设计温度见表8-1-3。

表8-1-3 托幼机构房间的供暖设计温度 单位:℃

房间名称	室内设计温度
活动室、寝室、喂奶室、保健观察室、配奶室、晨检室、办公室	20
乳儿室睡眠区、活动区、喂奶室	24
盥洗室、厕所	22
门厅、走廊、楼梯间、厨房	16
洗衣房	18
淋浴室、更衣室	25

六、托幼机构的设备用具卫生要求

（一）家具的卫生要求

1.课桌椅

幼儿课桌椅是托幼机构必备的配套设施之一，也是孩子们接触最多的家具。幼儿桌椅的优劣直接关乎着孩子们的身体健康，影响着孩子们的坐姿，以及有效预防近视和脊柱弯曲变形等。课桌椅的卫生要求如下：

（1）椅高约等于小腿高，椅身长约等于大腿 3/4。适当的桌高和椅高比为 2∶1。

（2）保证桌椅、桌角圆滑，不应有棱角。

（3）桌面具有防滑功能，耐脏，易清洗。桌脚可根据幼儿身高自由调节高度。

（4）桌脚带有橡胶垫，防止滑动和刮伤地面。

（5）定期对桌椅清洁消毒。

2.睡床

幼儿睡床的尺寸应满足下列要求：床长为幼儿平均身高加 25 厘米，床宽为最大幼儿体宽的 2 倍，床不宜过高，要方便幼儿上下床，同时应考虑教师的工作方便，睡床四周应有围栏，以防幼儿坠床。

3.橱柜

托幼机构内可设有多种橱柜，按功能可分为教具柜、餐具柜、玩具柜、衣柜等。幼儿用橱柜的高度应相当于幼儿的平均身高，一般为 100~115 厘米，方便幼儿自己拿取物品，为避免幼儿在活动时的碰撞，室内的橱柜不可设置过多，柜面和拉手不应有棱角，以防幼儿碰伤。

（二）文具、教具、玩具的卫生要求

1.幼儿使用的文具

幼儿的蜡笔、水彩笔、油画棒、铅笔、橡皮泥等，是托幼机构教育教学的重要文具，不应含有有毒色素或其他有毒物质；笔杆粗细适中，过粗或过细的笔杆易引起幼儿手腕部疲劳；笔杆上的涂料应不宜脱落，不溶于水和唾液。书写和绘画用纸张宜选用白色或浅色，质地结实、致密。

黑板最好是可移动的磁性黑板，要平整、无裂缝、不反光，方便使用并坚持每天清洁。书写时尽量少用彩色粉笔，擦黑板宜用湿布或吸粉尘的黑板擦。

2.玩具

（1）材质要求。玩具材料一般包括木材、塑料、橡胶、纸张、棉布、皮革等材质。塑料、橡胶、木制、金属玩具便于清洗消毒，且不易污染、轻巧安全。陶瓷、玻璃制作的玩具容易破碎，只宜观赏或装饰，不宜放在幼儿活动室。

（2）颜色要求。为幼儿配置的玩具颜色要鲜艳，提高幼儿操作玩具的兴趣。玩具的颜料和油漆要求无毒、无味、不褪色，不溶于唾液和水，易于消毒清洗。

（3）大小轻重要求。玩具的大小轻重应适合幼儿生长发育特点。不宜选择过小的玩具或有过小零件的玩具，以防止细小物件误入幼儿口中。玩具也不宜过大、过重，以免造成砸伤。

（三）生活用品的卫生要求

1 进餐用具

常用饮食用具有碗、碟子、勺子、筷子和饮水杯等，应确保坚固耐用、光滑无毒，易于清洗与消毒；大小、重量及结构等要适合幼儿手部发育特点，方便幼儿使用，如使用耐高温、易消毒、不易破碎、双层隔热的碗，原木或竹制的筷子等。

饮食用具要及时清洗、消毒。饮水杯要放在幼儿取放方便的地方。

2 洗漱用具

常用的洗漱用具有肥皂、毛巾、牙刷、牙膏、盆、浴巾、护肤品等。应选用刺激性小、适合幼儿使用的肥皂或洗手液，肥皂要放在方便幼儿洗手取放的地方。毛巾要质地柔软，不宜太大太厚；专人专用，每天消毒清洗；有专门的毛巾架，以便于悬挂、晾晒。使用适合幼儿特点的牙刷、牙膏；牙刷杯应定期清洗、消毒；牙刷应定期更换，最好是每个月换一次。

（四）体育设备的卫生要求

托幼机构的体育设备可分为大中型的固定运动器械，如滑滑梯、秋千、蹦床等；中小型可移动运动器械，如小垫子、脚踏车、三轮车、平衡木等；手持小型运动器械，如各种球类。

大中型器械最好安放在泥草地上或者是塑胶地上。在幼儿运动之前，检查器械是否完好无损，是否有摇晃、松动等现象，表面是否平整光滑。

乐乐所在的幼儿园即将招生了，园长想买一批给幼儿使用的凳子，可是看了很多样品，她还是不满意。

假如你是园长，该如何选择凳子？

请设计一个规范的活动室，并画出活动室的示意图。

任务 2　托幼机构精神环境卫生保健

● 案例导入 ●

午睡起床时，幼儿们正在穿衣服，从活动室中传来了浩浩惊喜的声音："肥皂？今天我们吃肥皂？""吃肥皂，今天我们吃肥皂！"孩子们欢快地叫着。"李老师，今天的点心是肥皂。"航航和欣欣跑过来告诉李老师，语气中流露出一丝神秘。"哎呀！真的吃肥皂？"李老师走到活动室一看，今天的点心是橘黄色的年糕，乍一看还真像彩色肥皂呢。她拿起一块年糕自言自语："真奇怪，今天居然请我们吃肥皂！"同时故意露出一脸惊喜和疑惑……

如果你是李老师，会如何回应小朋友们呢？

《幼儿园教育指导纲要（试行）》指出："环境是最重要的教育资源，应通过环境的创设和利用，有效地促进幼儿的发展。"托幼机构精神环境是指幼儿交往、活动所需的氛围，如师幼关系、同伴关系、家园关系等。

一、构建良好的师幼关系

《幼儿园教育指导纲要（试行）》中指出："建立良好的师生、同伴关系，让幼儿在集体生活中感到温暖，心情愉快，形成安全感，信赖感。"首先，尊重幼儿的人格是建立良好师生关系的首要条件。再小的孩子都有自尊心，都有被尊重的权利，不能用家长或教师的权威压制幼儿，要让幼儿感觉到自己和教师是同样平等的人。其次，要懂得欣赏幼儿。感觉到被欣赏，幼儿就会从教师身上找到知己的感觉，教师就不再是一个严厉的管制者、一个权威者，而是一个大朋友的角色。最后，应以理解宽容的心态对待幼儿的错误，允许幼儿犯错，在幼儿犯错后，心平气和地向他们提出指导与建议，让幼儿在教师的关怀下健康成长。

技能高考

判断：师幼关系是幼儿园所有关系的核心。　　　　（　　　　）

二、帮助幼儿建立友好的同伴关系

在一日生活中，教师应时刻观察幼儿，了解幼儿性格特点及同伴交往能力发展水平，在尊重个体发展的前提下，采取合理教育方式因材施教，制定正确的教育方案，如对性格较为内向的幼儿应予以更多的鼓励，引导他们多与伙伴沟通交流；以身作则、体谅幼儿，积极引导幼儿交往，帮助幼儿掌握同伴交往的必要原则和技能，当幼儿在交往方面出现问题时，教师不应急于干涉，而应留给幼儿足够时间去发现解决问题的方法，为幼儿提供发展同伴交往能力的空间。教师还可以为幼儿创设角色游戏，让幼儿在游戏中分工协作，在与同伴的互动过程中快乐成长。

三、建立良好的家园关系

创设一个良好的精神环境离不开家长的支持和帮助，教师与家长的关系直接影响到幼儿与教师的关系。只有家长与教师之间的氛围是互助友好、支持配合的，幼儿才能在一个健康的环境下成长。因此，教师应常与家长交流沟通，运用自己的专业知识指导家长如何正确育儿，让孩子在家庭中也能得到良好的教养。

四、树立良好的榜样

《幼儿园教育指导纲要（试行）》中指出："教师的态度和管理方式应有助于幼儿形成安全、温馨的心理环境；言行举止应成为幼儿学习的良好榜样。"因此，教师应给幼儿树立良好的榜样。在幼儿园里，如果教师能够互相关心、互相帮助、积极合作，那么幼儿就更容易产生这些行为。反之，如果教师之间是漠不关心、人情冷淡，那么教师再怎么培养孩子的爱心、同情心，其效果也会大打折扣。所以，在创设幼儿园精神环境时，我们要注意小至一个班的主班老师与配班老师，大到全体教职工之间的交往，都应当成为幼儿良好社会性发展的榜样。

除此之外，幼儿园的日常规则、一般行为标准也是幼儿园精神环境创设的组成部分。采用多种措施为幼儿创设一个良好的精神环境，是每一个幼教工作者义不容辞的责任。

案例分析

王老师刚到幼儿园，觉得自己无法做到公平公正地对待幼儿，她喜欢长得漂亮、乖巧的孩子。主班老师告诉她不能这样，她嘴里答应了，心里却觉得没什么，认为小朋友们又不知道。

这种情况应如何处理？

请任选一个主题，模拟教师与幼儿交流的情境。